UG NX 10.0 中文版典型实例教程

迟涛 主编

马文青 程青青 副主编

电子工业出版社

Publishing House of Electronics Industry

北京·BEIJING

内 容 简 介

本书系统地介绍了 NX 最新版本 UG NX 10.0 的基本功能、使用方法和技巧。全书共 8 章，通过对 25 个典型实例绘制过程的详细讲解，使读者能够迅速掌握 UG NX 10.0 的使用方法，从而极大地提高了学习、工作的效率。

本教程可作为 CAD、CAM、CAE 专业课程教材。特别适合 UG 软件的初、中级用户，各高等院校机械、模具、机电及相关专业的师生教学、培训及自学使用，也可作为研究生和各工厂企业从事产品设计、应用的广大工程技术人员的参考书。

未经许可，不得以任何方式复制或抄袭本书部分或全部内容。
版权所有，侵权必究。

图书在版编目（CIP）数据

UG NX 10.0 中文版典型实例教程 / 迟涛主编. -- 北京：电子工业出版社，2016.1
（数控机床操作技术丛书）
ISBN 978-7-121-27600-2

Ⅰ. ①U… Ⅱ. ①迟… Ⅲ. ①计算机辅助设计－应用软件－教材 Ⅳ. ①TP391.72

中国版本图书馆 CIP 数据核字(2015)第 277345 号

策划编辑：张　榕
责任编辑：张　榕
印　　刷：北京盛通商印快线网络科技有限公司
装　　订：北京盛通商印快线网络科技有限公司
出版发行：电子工业出版社
　　　　　北京市海淀区万寿路 173 信箱　邮编：100036
开　　本：787×1092　1/16　印张：18.5　字数：474 千字
版　　次：2016 年 1 月第 1 版
印　　次：2023 年 1 月第 7 次印刷
定　　价：48.00 元

凡所购买电子工业出版社图书有缺损问题，请向购买书店调换。若书店售缺，请与本社发行部联系，联系及邮购电话：（010）88254888。

质量投诉请发邮件至 zlts@phei.com.cn，盗版侵权举报请发邮件至 dbqq@phei.com.cn。
服务热线：（010）88258888。

前 言

一、UG 简介

UG 是德国 Siemens PLM Software 公司致力于产品开发解决方案所提供的高性能和领先的一项 CAD/CAM/CAE 软件技术,其内容涵盖了从产品的概念设计、工业造型设计、三维模型设计、分析计算、动态模拟仿真、工程图输出到生产加工成产品的全过程。UG 软件广泛应用于航空航天、汽车、船舶、通用机械、家用电器、医疗设备和电子工业,以及其他高科技领域的机械设计等行业。由于具有强大而完美的功能,已成为世界上最优秀的公司广泛使用的系统之一。UG NX 10.0 是目前最新的版本,该版本在易用性、数字化模拟、知识捕捉、可用性和系统工程、模具设计和数控编程等方面进行了创新,对以前版本进行了数以百项以客户为中心的改进。

二、鼠标按键的使用

鼠标在 UG NX 10.0 软件中的应用率非常高,而且应用功能强大,可以实现平移、缩放、旋转及使用快捷菜单等操作。建议使用应用最广泛的三键滚轮鼠标,鼠标按键中的左、中、右键分别对应 UG NX 10.0 软件中的 MB1、MB2 和 MB3。表 1 所示为三键滚轮鼠标的功能应用。

表 1 三键滚轮鼠标的功能应用

鼠标按键	功 能	操 作 方 法
左键(MB1)	用于选择菜单、快捷菜单和工具条等对象	直接单击 MB1
中键(MB2)	放大或缩小	按下 Ctrl+MB2 或滑动 MB2(滚轮),可将模型放大或缩小
	平移	按下 Shift+MB2 或按下 MB2+MB3 并移动光标,可将模型按鼠标移动方向平移
	旋转	按住 MB2 不放并移动光标,即可旋转模型
右键(MB3)	弹出快捷菜单	直接单击 MB3
	弹出推断式菜单	选择一个特征单击 MB3 并保持
	弹出悬浮式菜单	在绘图区空白处单击 MB3 并保持

三、本书内容安排及特点

本书的编写目的是通过典型实例的绘制过程,系统地介绍 UG NX10.0 的主要功能及其使用技巧,使读者在完成各种不同产品建模、装配及加工等过程中循序渐进地掌握软件的使用方法。

本书的特点是每一章都给出设计思路和所涉及的知识,将重要的知识点嵌入到具体实例中,使读者由浅入深,随学随用,边看边操作。本书由入门起步,内容详细,步骤完整,使读者在学习过程中可轻松根据书中的步骤进行操作,以达到熟练运用的目的。本书的实例选择典型实用，具有较强的代表性、针对性、可操作性和指导性。为配合软件操作的讲解，书中未特别标明的数值单位均为毫米，特此说明。

本书共 8 章：第 1 章二曲线绘图，精选了 3 个二维造型实例；第 2 章三维线框构图，精选了 3 个线框造型实例；第 3 章草图的绘制，精选了 3 个草图造型实例；第 4 章实体构图，精选了 3 个实体造型实例；第 5 章曲面构图，精选了 3 个曲面造型实例；第 6 章装配，精选了 2 个装配模型实例；第 7 章数控加工，精选了 6 个数控加工实例；第 8 章后处理与综合练习，后处理和综合练习各精选了一个实例。其中第 1、2、5 章由顺德梁銶琚职业技术学校马文青老师编写，第 3、4、6 章由温岭市太平高级职业中学程青青老师编写，第 7、8 章由天津职业技术师范大学迟涛老师编写并负责全书审稿。书中采用 UG NX10.0 中文版作为设计软件，以文字和图形相结合的形式，详细介绍了零件图形的设计、加工过程和 UG 软件的操作步骤，同时教程中所使用的素材文件和绘制完成的文件均可在华信教育网（http://hxedu.com.cn）网站上下载供读者使用，使读者能达到无师自通、易学易懂的目的。

本教程可作为 CAD、CAM、CAE 专业课程教材。特别适用于 UG 软件的初、中级用户，各大中专院校机械、模具、机电及相关专业的师生教学、培训和自学，也可作为研究生和各工厂企业从事产品设计、CAD 应用的广大工程技术人员的参考用书。

参加本书编写的还有贾超飞、雷申辉、喇海龙、张家民，在此表示衷心感谢。由于编者水平有限，疏漏之处在所难免，恳请读者对本书中的不足提出宝贵的意见和建议。

编　者

目　　录

第1章　二维曲线绘图 ... 1
  1.1　实例一　直线、倒角类对称曲线的绘制 ... 2
  1.2　实例二　圆弧相切类曲线的绘制 ... 12
  1.3　实例三　偏置、等分类曲线的绘制 ... 23
  习题 ... 35

第2章　三维线框构图 ... 37
  2.1　实例一　空间直线、圆弧的绘制 ... 38
  2.2　实例二　三维管道的绘制 ... 45
  2.3　实例三　空间偏置、带角度圆弧类曲线的绘制 ... 54
  习题 ... 63

第3章　草图的绘制 ... 65
  3.1　实例一　直线、圆简单草图的绘制 ... 66
  3.2　实例二　多圆弧相切草图的绘制 ... 70
  3.3　实例三　吊钩草图的绘制 ... 77
  习题 ... 85

第4章　实体构图 ... 87
  4.1　实例一　支撑连接板 ... 88
  　　4.1.1　方法一：二维曲线绘制实体截面 ... 88
  　　4.1.2　方法二：草图绘制实体截面 ... 98
  4.2　实例二　基座 ... 101
  　　4.2.1　方法一：二维曲线绘制实体截面 ... 101
  　　4.2.2　方法二：草图绘制实体截面 ... 113
  4.3　实例三　圆盘模腔 ... 116
  　　4.3.1　方法一：二维曲线绘制实体截面 ... 117
  　　4.3.2　方法二：利用草图绘制实体截面 ... 125
  习题 ... 127

第5章　曲面构图 ... 130
  5.1　实例一　曲面凸台 ... 131
  　　5.1.1　方法一：利用【草图】、【扫掠】、【修剪片体】命令绘制图形 ... 131
  　　5.1.2　方法二：利用通过曲线网格命令绘制上方曲面并自动生成实体 ... 138
  5.2　实例二　鼠标 ... 139
  5.3　实例三　饮料瓶 ... 147
  习题 ... 167

第6章 装配 ··· 169
- 6.1 实例一 轮盘的装配 ··· 170
- 6.2 实例二 振摆仪的装配 ··· 181
- 习题 ··· 196

第7章 数控加工 ··· 198
- 7.1 实例一 二维线框加工外轮廓 ··· 199
- 7.2 实例二 二维线框加工内轮廓 ··· 205
- 7.3 实例三 二维平面铣削加工 ··· 208
- 7.4 实例四 型腔铣、固定轴曲面轮廓铣加工 ··· 221
- 7.5 实例五 刻字加工 ··· 238
- 7.6 实例六 孔的加工 ··· 245
- 习题 ··· 260

第8章 后处理与综合练习 ··· 262
- 8.1 实例一 创建FANUC系统的后处理文件 ··· 263
- 8.2 实例二 综合练习 ··· 270

参考文献 ··· 290

第1章

二维曲线绘图

 内容介绍

本章主要介绍二维图形的绘制方法。

绘制的思路及步骤：

1. 分析图形的组成元素，确定绝对坐标的位置，绘制图形的中心线。
2. 计算各端点的坐标值，分别采用基本曲线中的直线、圆弧等命令绘制图形。
3. 采用曲线裁剪功能对绘制的图形进行编辑。

 学习目标

通过本章各例题的学习，使读者能够熟练掌握二维曲线的绘制方法，了解软件的绘图技巧，开拓软件的绘图思路。

1.1 实例一 直线、倒角类对称曲线的绘制

通过本实例的练习能够学习到的命令按钮：

（1）学习【曲线】带状工具条中的【基本曲线】命令中的【直线】、【圆角】、【修剪】三个子命令的使用方法。

（2）学习【曲线】带状工具条中的【点】和【矩形】命令。

（3）学习【曲线】带状工具条中的【曲线长度】命令。

（4）学习【视图】带状工具条中的【编辑对象显示】命令。

（5）学习【菜单(M)】命令按钮中【编辑】子菜单下【变换】命令中的【通过现有直线镜像】功能。

实例一图形如图 1-1-1 所示。

1. 创建新文件

选择软件窗口左上角的（新建命令）图标，如图 1-1-2 中①所示，或在【主页】命令卡中单击命令按钮，如图 1-1-2 中②所示，再或单击【文件】菜单中的【新建】命令，如图 1-1-2 中③所示。选择上述三种方法均能弹出【新建】对话框，如图 1-1-3 所示。选择【模型】选项卡中默认的"模型"类型，单位选择"毫米"，在【名称】栏中输入"T1-1"或单击（打开）按钮输入文件名称（不能使用中文文件名）。在【文件夹】栏单击（打开）按钮选择存放文件的位置，单击 确定 按钮，建立以 T1-1.prt 为文件名，单位为毫米的模型文件。

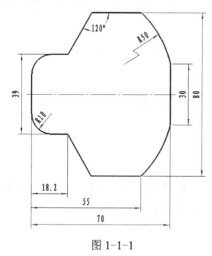

图 1-1-1

图 1-1-2

2. 定向视图

在绘图区域的空白处右击，弹出快捷菜单如图 1-1-4 所示，选择【定向视图】中的【俯视图】或在【视图】带状工具条中选择（俯视图），如图 1-1-5 所示。图形中的坐标即调整成以 X、Y 为正视平面的绘图区域，如图 1-1-6 所示。

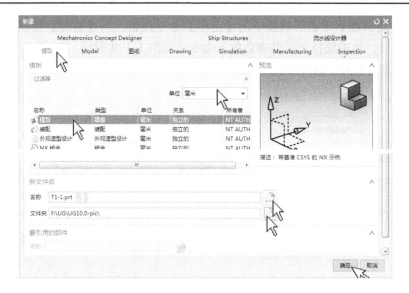

图 1-1-3

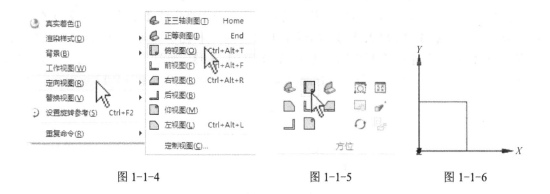

图 1-1-4　　　　　　　图 1-1-5　　　　　　　图 1-1-6

3. 绘制直线

（1）取消跟踪条中跟踪光标位置的作用。选择【文件】菜单中【首选项】子菜单中的【用户界面】命令，如图 1-1-7 所示。

图 1-1-7

在弹出的【用户界面首选项】对话框中的【选项】选项卡中，取消【跟踪光标位置】选项，单击 按钮，完成取消跟踪设置，如图 1-1-8 所示。

（2）选择【曲线】带状工具条中的【更多】命令按钮，将【曲线】带状工具条中隐含的常用命令打开，单击选择 ♀（基本曲线）命令，如图 1-1-9 所示。

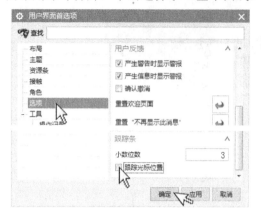

图 1-1-8

图 1-1-9

此时，屏幕弹出【基本曲线】对话框，单击 ∕（直线）命令图标按钮，如图 1-1-10 所示。在与【基本曲线】对话框同时打开的【跟踪条】对话框中的【XC】、【YC】、【ZC】栏内，双击并输入【0】、【19.5】、【0】，如图 1-1-11 所示，按回车键确认直线的起点，然后继续在【XC】、【YC】、【ZC】栏内输入【18.2】、【19.5】、【0】，如图 1-1-12 所示。接着按回车键确认直线的终点，单击鼠标中键打断线串，绘制直线的结果如图 1-1-13 所示。

图 1-1-10

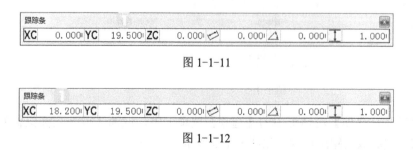

图 1-1-11

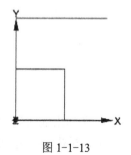

图 1-1-13

图 1-1-12

（3）仍然利用 ♀（基本曲线）命令中的 ╱（直线）子命令绘制角度线。在【基本曲线】对话框中保持【直线】命令不变，在【点方法】下拉对话框中选择 ⊘·（端点）图标，如图 1-1-14 所示，单击直线的右侧如图 1-1-15 所示。在【跟踪框】中的 ⊘ 长度、△ 角度栏中分别输入【60】、【60】，如图 1-1-16 所示。然后按回车键绘制出一条与 X 轴夹角为 60 度、长度为 60mm 的斜线。单击鼠标中键打断线串，单击【基本曲线】对话框中的 取消 按钮，结束【基本曲线】命令，绘制结果如图 1-1-17 所示。

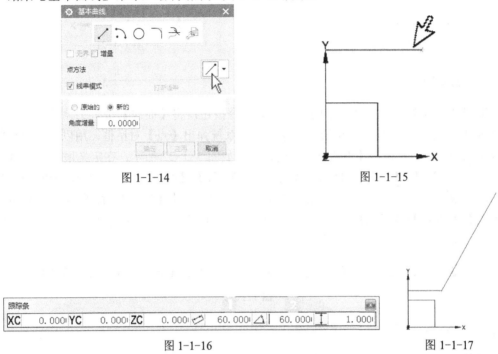

图 1-1-14

图 1-1-15

图 1-1-16

图 1-1-17

4．绘制点

在【曲线】带状工具条中选择 ╋（点）命令按钮，如图 1-1-18 所示，此时弹出【点】对话框，在【坐标】选项卡中选择【绝对】复选框，然后在【X】、【Y】、【Z】坐标中分别输入【70】、【15】、【0】，并将【设置】选项卡中的【关联】复选框去掉，如图 1-1-19 所示，单击 确定 按钮，绘制出一个非关联的点，绘制结果如图 1-1-20 所示。利用同样的方法绘制另一个非关联的点，坐标值为【55】、【40】、【0】，绘制的结果如图 1-1-21 所示。

图 1-1-18

图 1-1-19

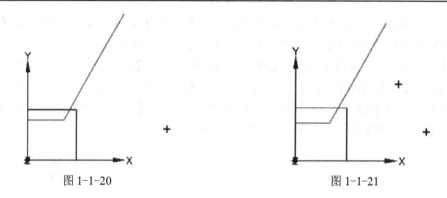

图 1-1-20　　　　　　　　　图 1-1-21

5. 绘制矩形

选择【曲线】带状工具条中的【更多】命令按钮,将【曲线】带状工具条中隐含的常用命令打开,单击选择□(矩形)命令按钮,系统弹出【点】对话框,用以定义矩形的两个对角点的坐标值。根据【下边框条】的提示,如图 1-1-22 所示,在定义顶点 1 的【点】对话框中【X】、【Y】、【Z】的数值分别输入【0】、【0】、【0】,单击 确定 按钮结束顶点 1 的输入,如图 1-1-23 所示。在定义顶点 2 的【点】对话框中【X】、【Y】、【Z】的数值分别输入【70】、【40】、【0】,如图 1-1-24 所示,单击 确定 按钮完成矩形的绘制,单击 取消 按钮结束命令,绘制结果如图 1-1-25 所示。

定义矩形顶点 1 - 选择对象以自动判断点,或单击"确定"以在坐标位置指定点

图 1-1-22

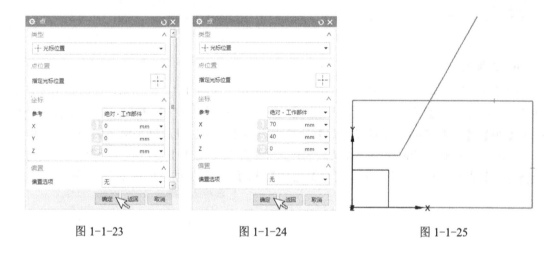

图 1-1-23　　　　　　　　图 1-1-24　　　　　　　　图 1-1-25

6. 绘制圆弧

(1) 选择 ◯(基本曲线)命令按钮,系统弹出【基本曲线】对话框,单击 ◯(圆角)子命令图标,系统跳转到【曲线倒圆】对话框,选择第二种曲线倒圆的方法,在【半径】栏输入【50】,如图 1-1-26 所示。

(2) 单击【点构造器】按钮,系统弹出【点】对话框,下边框条提示【圆角-第一点】。在【类型】下拉复选框中选择【现有点】,如图 1-1-27 所示,按照图 1-1-28 所示的顺序选择圆弧的起点和终点（上一步骤中刚刚绘制的两个非关联点），【点】对话框中的【类型】下拉复选框自动变成了 ![自动判断的点]，单击图 1-1-28 中的第 3 点的大致位置，完成圆角的绘制。这样就按照逆时针的选择顺序绘制了一个已知圆弧起点、终点和大致圆心位置，半径为 50mm 的圆弧，结果如图 1-1-29 所示。

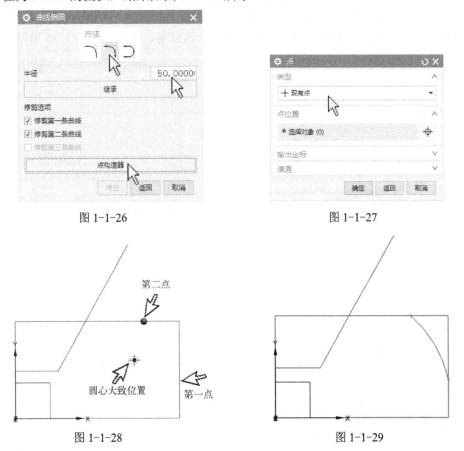

图 1-1-26　　　　　　　　　　　　　　图 1-1-27

图 1-1-28　　　　　　　　　　　　　　图 1-1-29

系统自动返回到图 1-1-26 所示的【曲线倒角】对话框，将【半径】的值修改为【10】，如图 1-1-30 所示，按照顺序直接选择如图 1-1-31 所示的两条线段，然后单击圆心大致位置完成 R10 圆角的创建，绘制结果如图 1-1-32 所示。

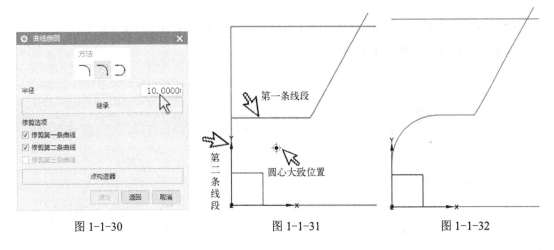

图 1-1-30　　　　　　　图 1-1-31　　　　　　　图 1-1-32

7. 曲线修剪

（1）单击【曲线倒圆】对话框中的 返回 按钮，界面回退至基本曲线命令首界面，选择 （修剪）子命令按钮，系统弹出【修剪曲线】对话框，如图 1-1-33 所示。将【设置】选项卡中的各选项调整为图 1-1-34 所示的模式，按照图 1-1-35 所示的顺序选择【要修剪的曲线】和【边界对象 1】，然后单击 应用 按钮完成第一次修剪，结果如图 1-1-36 所示。

图 1-1-33

图 1-1-34

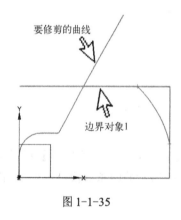

图 1-1-35

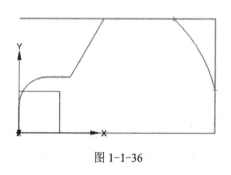

图 1-1-36

（2）按照图 1-1-37 所示的顺序选择【要修剪的曲线】和【边界对象 1】，然后单击 应用 按钮完成第二次修剪，修剪结果如图 1-1-38 所示。

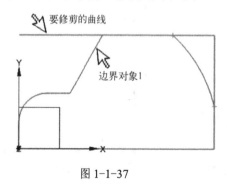

图 1-1-37

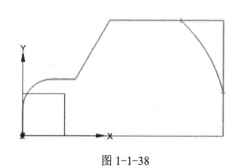

图 1-1-38

(3) 按照图 1-1-39 所示的顺序选择【要修剪的曲线】和【边界对象 1】,在选择【边界对象 1】时将带状工具条中的对象捕捉全部关闭,如图 1-1-40 所示,然后单击 应用 按钮,完成第三次修剪,修剪结果如图 1-1-41 所示。

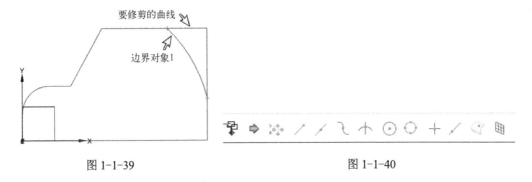

图 1-1-39　　　　　　　　　　　图 1-1-40

(4) 利用同样的方法修剪圆弧上方竖直线段,在选择【边界对象 1】时需要单击圆弧的下半部分,然后单击两次 取消 按钮,结束修剪命令,修剪结果如图 1-1-42 所示。

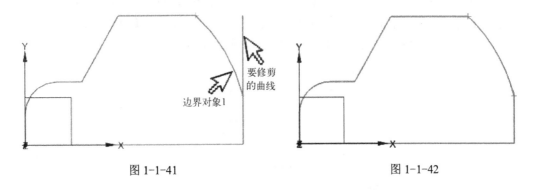

图 1-1-41　　　　　　　　　　　图 1-1-42

8. 编辑曲线长度及编辑对象显示

(1) 单击【曲线】带状工具条中的 ♪（曲线长度）命令按钮,如图 1-1-43 所示。系统弹出【曲线长度】对话框,单击如图 1-1-44 所示直线,将对话框按图 1-1-45 所示设置完毕,单击 确定 按钮完成曲线延伸,对称轴线两端各延长 3mm,延伸的结果如图 1-1-46 所示。

图 1-1-43　　　　　　　　　　　图 1-1-44

 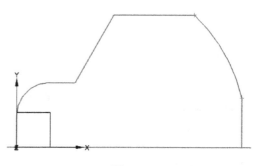

图 1-1-45　　　　　　　　　　　图 1-1-46

（2）单击刚延长的曲线，然后再单击【视图】带状工具条中的 （编辑对象显示）命令按钮，如图 1-1-47 所示，系统弹出【类选择】对话框，选择对称中心线，接着单击 按钮，弹出【编辑对象显示】对话框，在【线型】下拉复选框中选择【中心线】，如图 1-1-48 所示，然后单击 按钮完成对象显示的编辑，编辑后的结果如图 1-1-49 所示。

图 1-1-47

 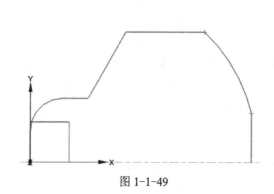

图 1-1-48　　　　　　　　　　　图 1-1-49

9. 镜像曲线

（1）单击 按钮中的【编辑】子菜单中的 （变换）命令，如图 1-1-50 所示。系统弹出【变换】对话框并提示选择要变换的对象，如图 1-1-51 所示。

第 1 章 二维曲线绘图

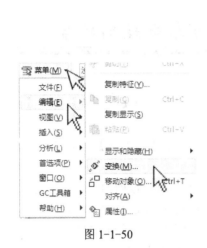

图 1-1-50

图 1-1-51

（2）依次选择除中心线、点以外的所有曲线元素，如图 1-1-52 所示并单击 确定 按钮，系统弹出【变换】的二级对话框，选择【通过一直线镜像】按钮，如图 1-1-53 所示，系统进入【变换】三级对话框，单击【现有直线】，如图 1-1-54 所示。单击选择图形中的中心线，系统弹出【变换】的四级对话框，此时【下边框条】提示进行【选择操作】，单击【复制】按钮，如图 1-1-55 所示，完成曲线的镜像。单击 取消 按钮结束【变换】命令，镜像的结果如图 1-1-56 所示。

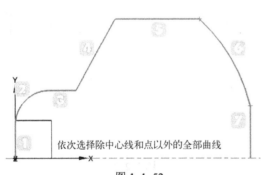

图 1-1-52

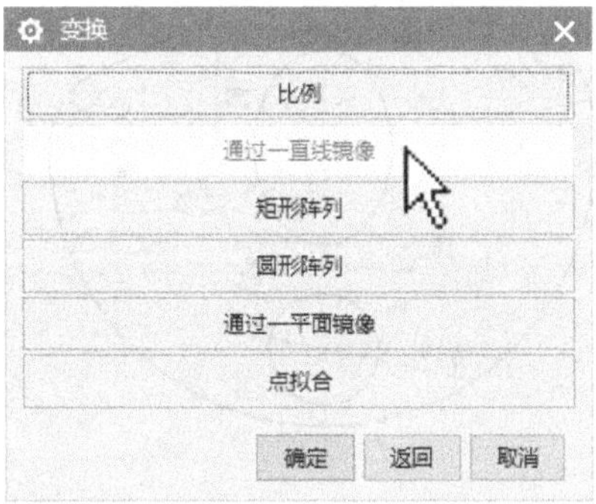

图 1-1-53

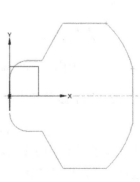

图 1-1-54

图 1-1-55

图 1-1-56

1.2 实例二 圆弧相切类曲线的绘制

通过本实例的练习能够学习到的命令按钮:

(1) 巩固学习【基本曲线】命令中 /【直线】子命令中【跟踪条】的 ⌀【长度】和 △【角度】输入的方法来绘制斜线段。

(2) 学习【基本曲线】命令中 /【直线】子命令中【点方法】的 ⌀【自动判断点】绘制切线。

(3) 学习 ➣【修剪】命令中利用捕捉 ✢【交点】的方法修剪曲线。

(4) 学习利用 ⌖【点构造器】中运用【偏置方法】来绘制相对坐标点。

(5) 学习采用【基本曲线】命令中 ○【圆】子命名的方法绘制整圆。

(6) 学习【曲线】带状工具条中 ⊙【椭圆】命令的绘制方法。

实例二图形如图 1-2-1 所示。

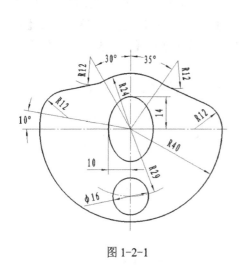

图 1-2-1   图 1-2-2

1. 创建新文件

建立以 T1-2.prt 为文件名,单位为毫米的模型文件,如图 1-2-2 所示。

2. 定向视图

定向视图操作步骤略,具体方法详见实例一。

3. 取消跟踪条中跟踪光标的位置作用

如果在绘制基本曲线时此项功能已经设定完毕,可以跳过此步。选择 ☰ 菜单(M)▸中【首选项】子菜单中的【用户界面】命令,在弹出的【用户界面首选项】对话框中的【常规】选项卡中,取消【在跟踪条中跟踪光标位置】选项,单击 确定 按钮,完成取消跟踪设置,如图 1-1-8 所示。

4. 设置对象属性

选择 菜单(M)·中的【首选项】子菜单下的【对象】命令,如图 1-2-3 所示,系统弹出【对象首选项】对话框,如图 1-2-4 所示,在【类型】下拉复选框中选择【直线】,在【线型】下拉复选框中选择【中心线】,最后单击 确定 完成对象属性的修改。

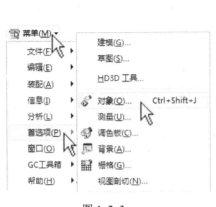

图 1-2-3　　　　　　　　　　　　　图 1-2-4

5. 绘制中心线

(1) 单击【曲线】带状工具条中的 ○ (基本曲线) 命令按钮,弹出【基本曲线】对话框,单击 / (直线) 子命令按钮,取消【线串模式】,如图 1-2-5 所示。在【跟踪条】的【XC】、【YC】、【ZC】栏中分别输入【45】、【0】、【0】,如图 1-2-6 所示,按回车键确认直线的起点,紧接着在【XC】、【YC】、【ZC】栏中输入【-45】、【0】、【0】如图 1-2-7 所示,按回车键确认直线的终点,绘制结果如图 1-2-8 所示。

图 1-2-5　　　　　　　　　　　　　图 1-2-6

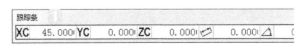

图 1-2-7　　　　　　　　　　　　　图 1-2-8

（2）利用相同的方法绘制垂直的中心线，两次输入的【XC】、【YC】、【ZC】的坐标值分别为【0】、【30】、【0】和【0】、【-45】、【0】，绘制的结果如图 1-2-9 所示。

6．绘制辅助线

（1）选择 菜单(M)· 中的【首选项】子菜单下的【对象】命令，系统弹出【对象首选项】对话框，在【线型】下拉复选框中选择【实体】，最后单击 确定 完成对象属性的修改，如图 1-2-10 所示。

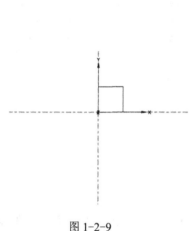

图 1-2-9　　　　　　　　　　　　　　　图 1-2-10

（2）选择【曲线】带状工具条中的 （基本曲线）命令按钮，弹出【基本曲线】对话框，单击 ╱（直线）子命令按钮，取消【线串模式】，在【跟踪条】中的【XC】、【YC】、【ZC】中输入【0】、【0】、【0】并按回车键确认线段的起点或在【基本曲线】对话框中的【点方式】下拉复选框内选择 ┿（交点），如图 1-2-11 所示，然后分别选择两条相交的中心线，如图 1-2-12 所示。紧接着在【跟踪条】中的 长度和 角度输入框内分别输入【40】、【55】，如图 1-2-13 所示，按回车键完成斜线的绘制，绘制结果如图 1-2-14 所示。

图 1-2-11　　　　　　　　　　　　　　　图 1-2-12

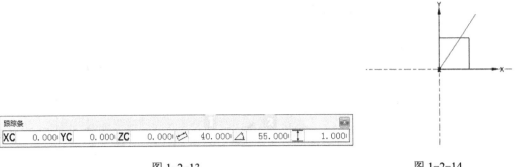

图 1-2-13　　　　　　　　　　　图 1-2-14

（3）按照上步所述方法首先确认另一条位于【0】、【0】、【0】点及两中心线交点处的线段起点，然后分别在【跟踪条】中的⌀长度和△角度框中分别输入【40】、【120】，如图 1-2-15 所示，按回车键完成斜线的绘制，绘制结果如图 1-2-16 所示。

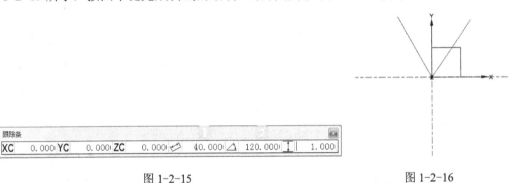

图 1-2-15　　　　　　　　　　　图 1-2-16

（4）按照上述相同步骤确认第三条角度线的起点，紧接着在【跟踪条】中的⌀长度和△角度框中分别输入【45】、【170】，如图 1-2-17 所示，按回车键完成斜线的绘制，绘制结果如图 1-2-18 所示。

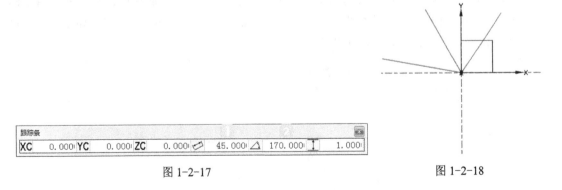

图 1-2-17　　　　　　　　　　　图 1-2-18

7．绘制圆弧

（1）单击【基本曲线】对话框中的○（圆）子命令图标，在【点方式】下拉复选框中选择（交点），如图 1-2-19 所示，然后选择两条中心线以确定圆心的位置如图 1-2-20 所示，紧接着在【跟踪条】中的半径框中输入【24】，如图 1-2-21 所示，按回车键即绘制一个 R24 的整圆，绘制的结果如图 1-2-22 所示。

图 1-2-19

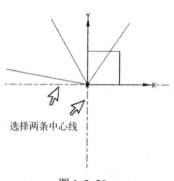

图 1-2-20

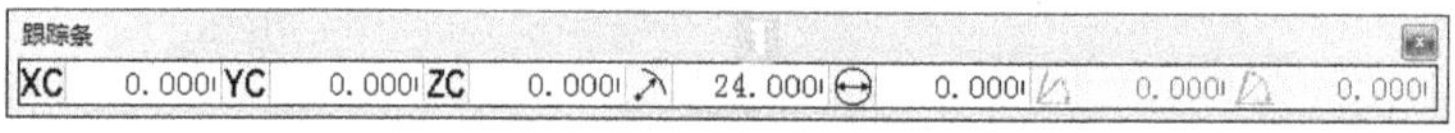

图 1-2-21

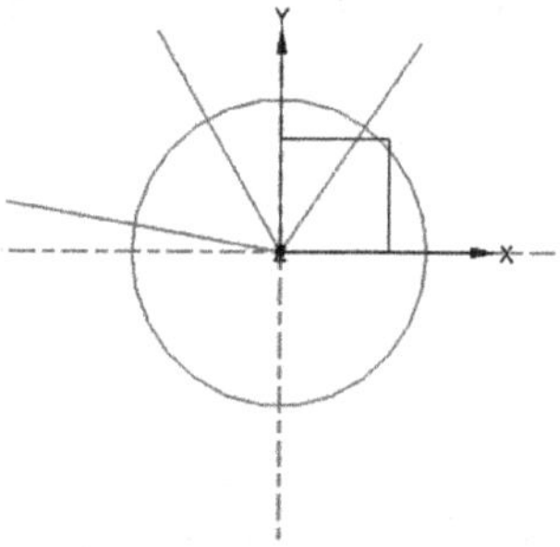

图 1-2-22

（2）单击【基本曲线】对话框中○（圆）子命令按钮用以结束上一整圆绘制并开始绘制右上方的整圆。在【基本曲线】命令对话框中的【点方法】下拉复选框中选择（点构造器）图标，如图 1-2-23 所示，系统弹出【点】对话框用以确定圆心的位置。在【偏置选项】下拉复选框中选择【沿曲线】选项，如图 1-2-24 所示，此时点开【点】对话框中的【输出坐标】选项卡，检查【坐标】选项卡中的坐标值是否正确，如图 1-2-25 所示。将坐标值调整完毕后，选择右上方的直线的上半部分，对话框中出现 的更新显示，在该直线上出现偏置方向的箭头，如图 1-2-26 所示。

图 1-2-23

图 1-2-24

第 1 章　二维曲线绘图　　17

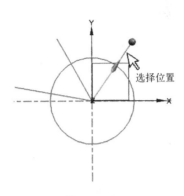

图 1-2-25　　　　　　　　　　图 1-2-26

紧接着在【弧长】输入栏中输入【36】，如图 1-2-27 所示 。单击 确定 按钮确认圆心的位置，再单击 返回 按钮返回到【基本曲线】对话框。接下来在【跟踪条】的 半径框中输入【12】，如图 1-2-28 所示，按回车键确认完成了右上方 R12 的圆的绘制，结果如图 1-2-29 所示。

图 1-2-28

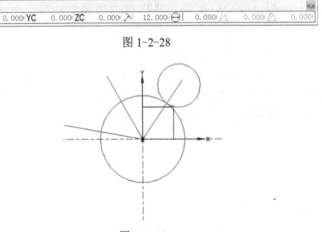

图 1-2-27　　　　　　　　　　　　　　图 1-2-29

（3）再次单击【基本曲线】对话框中○（圆）子命令按钮，取消前一个圆弧的激活状态并绘制左上方的圆弧。在【基本曲线】命令对话框中的【点方法】下拉复选框选择 （点构造器）图标，如图 1-2-23 所示，系统弹出【点】对话框用以确定圆心的位置。在【偏置选项】下拉复选框中选择【沿曲线】选项，如图 1-2-24 所示，此时点开【点】对话框中的【输出坐标】选项卡，检查【坐标】选项卡中的坐标值是否正确，如图 1-2-25 所示。将坐标值调整完毕后，单击【选择直线】，选择左上方的直线的上半部分，对话框中出现 选择曲线(1) 的更新显示，在该直线上出现偏置方向的箭头，如图 1-2-30 所示，紧接着在【弧长】输入栏中输入【36】，如图 1-2-27 所示，单击 确定 按钮确认圆心的位置，再单击 返回 按钮返回到【基本曲线】对话框。接下来我们在【跟踪条】的 【半径】中输入【12】，如图 1-2-29 所示，按回车键确认就完成了左上方 R12 的圆的绘制，结果如图 1-2-31 示。

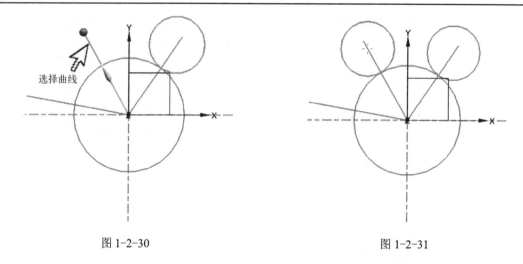

图 1-2-30　　　　　　　　　　　　　图 1-2-31

（4）再次单击【基本曲线】对话框中〇（圆）子命令按钮，取消前一个圆弧的激活状态并绘制左侧中部的圆弧，在【基本曲线】命令对话框中的【点方法】下拉复选框选择（点构造器）图标，如图 1-2-23 所示，系统弹出【点】对话框用以确定圆心的位置。在【偏置选项】下拉复选框中选择【沿曲线】选项，如图 1-2-24 所示，此时点开【点】对话框中的【输出坐标】选项卡，检查【坐标】选项卡中的坐标值是否正确，如图 1-2-25 所示。将坐标值调整完毕后，单击【选择直线】，选择左侧中部直线的前半部分，对话框中出现 选择曲线(1) 的更新显示，在该直线前部出现偏置方向的箭头，如图 1-2-32 所示，紧接着在【弧长】输入栏中输入【28】如图 1-2-33 所示，单击 确定 按钮确认圆心的位置，再单击 返回 按钮返回到【基本曲线】对话框。接下来在【跟踪条】的【半径】中输入【12】，如图 1-2-29 所示，按回车键确认即完成了左侧中部 R12 的圆的绘制，结果如图 1-2-34 所示。

图 1-2-32　　　　　　　图 1-2-33　　　　　　　图 1-2-34

（5）依然单击【基本曲线】对话框中〇（圆）子命令按钮，取消前一个圆的绘制，在【跟踪条】中的【XC】、【YC】、【ZC】和【半径】中分别输入【28】、【0】、【0】和【12】，如图 1-2-35 所示，按回车键确认即完成右侧中部圆的绘制，结果如图 1-2-36 所示。

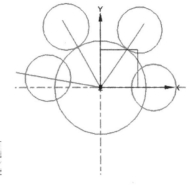

图 1-2-35　　　　　　　　　　　　图 1-2-36

（6）单击【基本曲线】对话框中○（圆）子命令按钮，取消前一个圆的绘制，在【跟踪条】中的【XC】、【YC】、【ZC】和【半径】中分别输入【0】、【0】、【0】和【40】，如图 1-2-37 所示，按回车键确认即完成中间大圆的绘制，结果如图 1-2-38 所示。

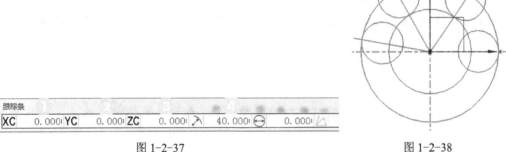

图 1-2-37　　　　　　　　　　　　图 1-2-38

8．绘制相切直线

（1）单击【基本曲线】对话框中的（直线）子命令按钮，取消【线串模式】，在【点方法】下拉复选框中选择（自动判断点）图标，如图 1-2-39 所示，然后鼠标先单击左侧中部的圆大致切点的位置，再单击左侧上部的圆大致切点的位置绘制出两个圆的切线如图 1-2-40 所示。

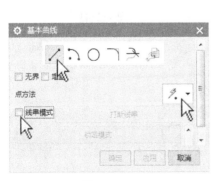
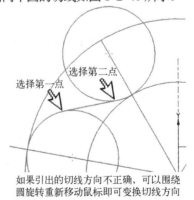

图 1-2-39　　　　　　　　　　　　图 1-2-40

（2）再次单击【基本曲线】对话框中的（直线）子命令按钮，取消【线串模式】，利用同样的方法绘制右侧的两圆公切线，绘制的结果如图 1-2-41 所示。

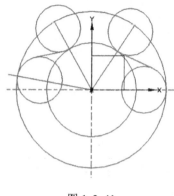

图 1-2-41

9. 修剪曲线

（1）首先对 R40 的圆弧进行修剪。单击 ○（基本曲线）对话框中的 ⌐（修剪）子命令按钮，系统弹出【修剪曲线】对话框并按图 1-2-42 所示进行设置。根据【下边框条】的提示依次进行【要修剪的曲线】、【边界对象 1】、【边界对象 2】的选择，如图 1-2-43 所示，并按照图 1-2-44 所示进行选择，单击 应用 按钮完成 R40 圆的修剪，结果如图 1-2-44 所示。

图 1-2-42

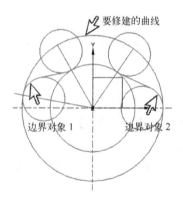

图 1-2-43

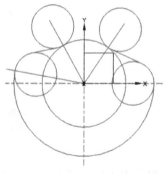

图 1-2-44

(2) 对图形上方的两个圆进行修剪。选择的位置如图 1-2-45 所示，单击 应用 按钮完成左上方圆的修剪，结果如图 1-2-46 所示，然后按图 1-2-47 所示的位置进行选择，单击 应用 按钮完成右上方圆的修剪，修剪的结果如图 1-2-48 所示。

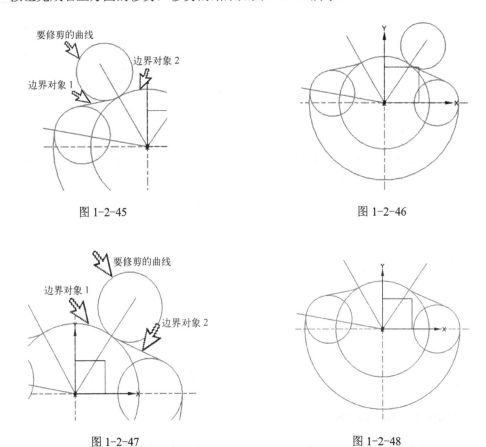

图 1-2-45　　　　　　　　　　　　　　图 1-2-46

图 1-2-47　　　　　　　　　　　　　　图 1-2-48

(3) 对图形左右的两个圆进行修剪。选择的位置如图 1-2-49 所示，单击 应用 按钮完成左侧圆的修剪，结果如图 1-2-50 所示。然后按图 1-2-51 所示的位置进行选择，单击 应用 按钮完成右侧圆的修剪，修剪的结果如图 1-2-52 所示。

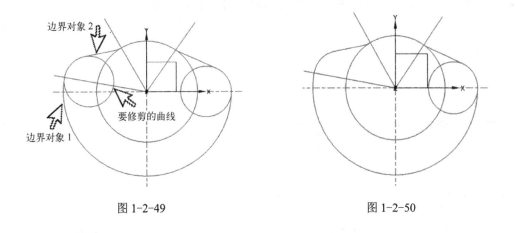

图 1-2-49　　　　　　　　　　　　　　图 1-2-50

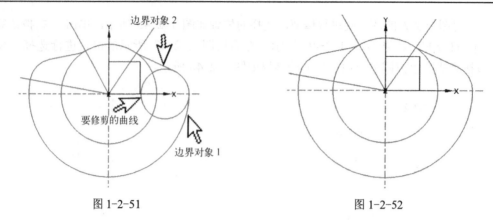

图 1-2-51　　　　　　　　　　图 1-2-52

（4）对 R24 的圆进行修剪。选择的位置如图 1-2-53 所示，单击 应用 按钮完成 R24 圆的修剪，结果如图 1-2-54 所示。

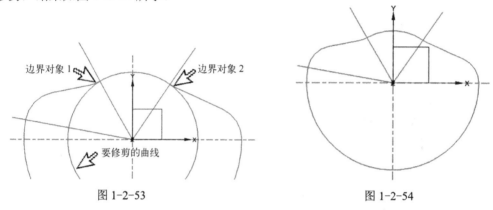

图 1-2-53　　　　　　　　　　图 1-2-54

10. 绘制椭圆和 ϕ16 的圆

（1）单击【曲线】带状工具条中的 ⊙（椭圆）命令按钮，如图 1-2-55 所示，系统【下边框条】提示【指出椭圆中心】并弹出【点】对话框，如图 1-2-56 所示。单击 ↻（重置）按钮后，再单击 确定 按钮后系统弹出【椭圆】对话框，对椭圆进行参数的设定，按如图 1-2-57 所示输入椭圆相应的参数，单击 确定 按钮即椭圆绘制完毕，结果如图 1-2-58 所示。单击对话框的 取消 按钮结束椭圆命令并关闭对话框。

图 1-2-55　　　　　　　　　　图 1-2-56

 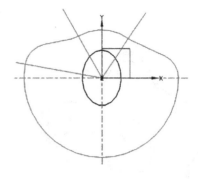

图 1-2-57　　　　　　　　　　　图 1-2-58

（2）单击【曲线】带状工具条中的 (基本曲线)命令按钮，系统弹出【基本曲线】对话框。单击对话框中的○（圆）子命令按钮，在【跟踪条】中的【XC】、【YC】、【ZC】和 半径框中输入【0】、【-29】、【0】和【8】如图 1-2-59 所示，按回车键确认输入完成 ϕ16 圆的绘制，绘制结果如图 1-2-60 所示。

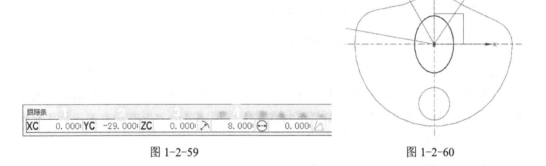

图 1-2-59　　　　　　　　　　　图 1-2-60

1.3　实例三　偏置、等分类曲线的绘制

通过本实例的练习能够学习到的命令按钮：
（1）学习 【变换】命令中的【圆形阵列】方法并掌握【捕捉】工具条的使用。
（2）学习【曲线】带状工具条的 【分割曲线】命令。
（3）学习【曲线】带状工具条的 【连结曲线】命令。
（4）学习【工具】带状工具条中的 【移动对象】命令中利用【角度】的方法移动对象。
（5）学习【曲线】带状工具条中的 【圆弧/圆】命令来绘制相切圆弧的方法。
（6）学习【曲线】带状工具条中 【偏置曲线】命令。
（7）学习【曲线】带状工具条中的 【多边形】命令。
实例三图形如图 1-3-1 所示。

1．创建新文件

建立以 T1-3.prt 为文件名，单位为毫米的模型文件，如图 1-3-2 所示。

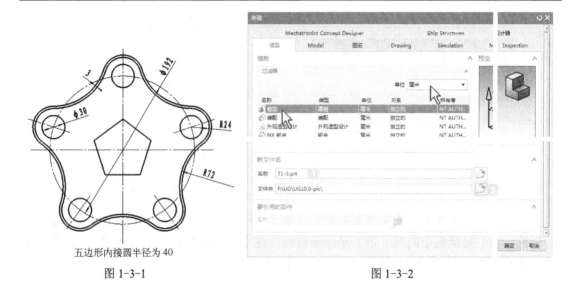

五边形内接圆半径为 40

图 1-3-1　　　　　　　　　　　　　图 1-3-2

2．定向视图

定向视图操作步骤略，具体方法详见实例一。

3．取消跟踪条中跟踪光标的位置作用

如果在绘制基本曲线时此项功能已经设定完毕，可以跳过此步。选择【文件】菜单中【首选项】子菜单中的【用户界面】命令，在弹出的【用户界面首选项】对话框中的【常规】选项卡中，取消【在跟踪条中跟踪光标位置】选项，单击 确定 按钮，完成取消跟踪设置，如图 1-1-8 所示。

4．设置对象属性

选择 菜单(M)· 中的【首选项】子菜单下的【对象】命令，如图 1-3-3 所示，系统弹出【对象首选项】对话框，如图 1-3-4 所示，在【类型】下拉复选框中选择【直线】，在【线型】下拉复选框中选择【中心线】，单击 应用 ，然后再利用同样的方法将【圆弧】的【线型】也调整为【中心线】，最后单击 确定 完成对象属性的修改。

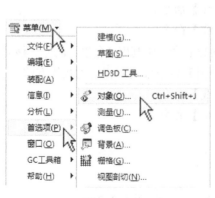

图 1-3-3　　　　　　　　　　　　　图 1-3-4

5．绘制定位圆和中心线

（1）单击【曲线】带状工具条中的 ◯（基本曲线）命令按钮，弹出【基本曲线】对话框，单击 ／（直线）子命令按钮，取消【线串模式】，在【跟踪条】中的【XC】、【YC】、【ZC】中输入【-125】、【0】、【0】，如图 1-3-5 所示按回车键确认直线的起点，紧接着在【跟踪条】中的【XC】、【YC】、【ZC】中输入【125】、【0】、【0】，如图 1-3-6 所示，按回车键确认直线的终点即完成水平中心线的绘制，结果如图 1-3-7 所示。

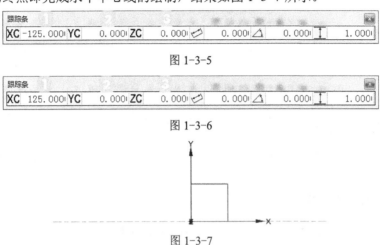

图 1-3-5

图 1-3-6

图 1-3-7

（2）在【跟踪条】中的【XC】、【YC】、【ZC】中输入【0】、【-125】、【0】如图 1-3-8 所示按回车键确认直线的起点。接着在【跟踪条】中的【XC】、【YC】、【ZC】中输入【0】、【125】、【0】，如图 1-3-98 所示，按回车键确认直线的终点即完成竖直中心线的绘制，结果如图 1-3-10 所示。

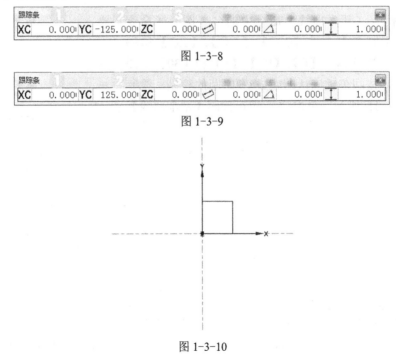

图 1-3-8

图 1-3-9

图 1-3-10

（3）选择 ⚪（基本曲线）命令中的 ○（圆）子命令按钮，在【跟踪条】中的【XC】、【YC】、【ZC】和 ⊖【直径】栏内一次性输入【0】、【0】、【0】和【192】如图 1-3-11 所示，按回车键确认即完成 ϕ192 基准圆的绘制，绘制结果如图 1-3-12 所示，单击 取消 按钮关闭【基本曲线】对话框。

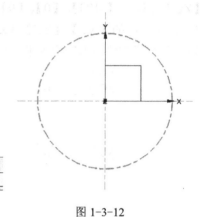

图 1-3-11　　　　　　　　　　　　　　图 1-3-12

6. 绘制五个 ϕ30 的圆

（1）单击 菜单(M)▪ 下【首选项】子菜单中的【对象】命令，系统弹出【对象首选项】对话框，如图 1-3-13 所示，在【类型】下拉复选框中选择【直线】，在【线型】下拉复选框中选择【默认】，利用同样的方法将【圆弧】的【线型】也调整为【默认】，最后单击 确定 完成对象属性的修改。

（2）选择 ⚪（基本曲线）命令中的 ○（圆）子命令按钮，在【跟踪条】中的【XC】、【YC】、【ZC】和 ⊖【直径】栏内一次性输入【0】、【96】、【0】和【30】如图 1-3-14 所示，按回车键确认即完成 ϕ30 圆的绘制，绘制结果如图 1-3-15 所示，单击 取消 按钮关闭【基本曲线】对话框。

图 1-3-13

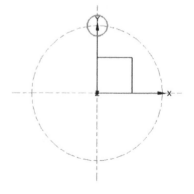

图 1-3-14　　　　　　　　　　　　　　图 1-3-15

(3) 单击【菜单】按钮中的【编辑】子菜单中的（变换）命令，系统弹出【变换】对话框并提示选择要变换的对象，如图 1-3-16 所示。选择图 1-3-15 所示上方的 $\phi 30$ 圆，单击 确定 按钮完成对象的选择，系统同时弹出【变换】二级对话框，选择【圆形阵列】按钮，如图 1-3-17 所示。此时系统自动弹出【点】对话框，同时【下边框条】提示【选择圆形阵列的参考点】，将【上边框条】中的【捕捉】开启成图 1-3-18 的样式，并在【点】对话框的【类型】下拉复选框中选择 自动判断的点 ，鼠标选择 $\phi 30$ 的圆，将圆形阵列的圆心定在 $\phi 30$ 圆的圆心如图 1-3-19 所示。

图 1-3-16

图 1-3-17

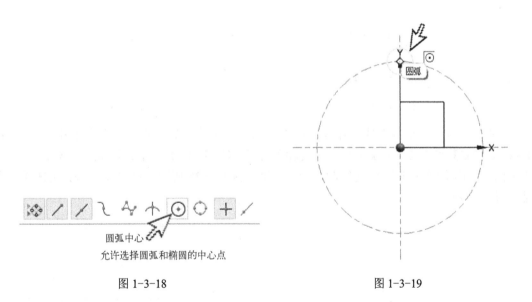

图 1-3-18

图 1-3-19

紧接着【下边框条】提示【选择阵列原点】，鼠标选择 $\phi 192$ 的圆心，将阵列的原点定在 $\phi 192$ 圆的圆心，如图 1-3-20 所示。然后系统自动弹出【变换】的三级对话框并将各选项图 1-3-21 所示填写完毕，单击 确定 按钮系统弹出【变换】的四级对话框如图 1-3-22 所示。

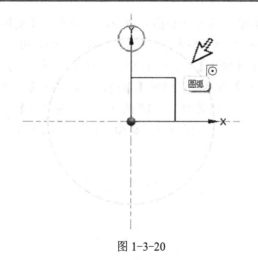

图 1-3-20　　　　　　　　　　　图 1-3-21

单击【复制】按钮完成 ϕ30 圆的阵列，阵列的结果如图 1-3-23 所示，单击 取消 按钮结束【变换】命令并关闭对话框。

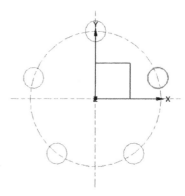

图 1-3-22　　　　　　　　　　　图 1-3-23

（4）选择 （基本曲线）命令中的○（圆）子命令按钮，在【跟踪条】中的【XC】、【YC】、【ZC】和 【半径】栏内一次性输入【0】、【96】、【0】和【24】如图 1-3-24 所示，按回车键确认即完成 R24 圆的绘制，绘制结果如图 1-3-25 所示，单击 取消 按钮关闭【基本曲线】对话框。

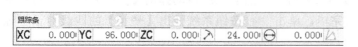
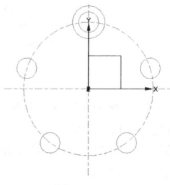

图 1-3-24　　　　　　　　　　　图 1-3-25

7. 绘制各相切圆弧

（1）选择【曲线】带状工具条中的【更多】命令按钮，将【曲线】带状工具条中隐含的常用命令打开，单击选择 ∫（分割曲线）命令，如图 1-3-26 所示，系统弹出【分割曲线】对话框，如图 1-3-27 所示。在【类型】下拉复选框中选择 ∫按边界对象 选项，根据【下边框条】的提示依次选择【要分割的曲线】、【现有曲线作为边界对象】和【指定曲线的大致交点】如图 1-3-28 所示。单击 应用 按钮完成第一次曲线的修剪，修剪的结果如图 1-3-29 所示。

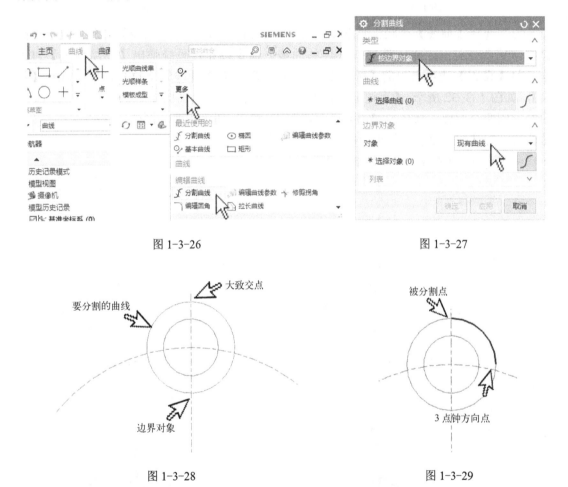

图 1-3-26　　　　　　　　　　　　　　图 1-3-27

图 1-3-28　　　　　　　　　　　　　　图 1-3-29

由于圆是一个有开口的封闭图形，它的开口位于圆的 3 点钟方向如图 1-3-29 所示，所以通过修剪后的结果是 3 点钟方向的点与边界曲线分割构成的点形成一段被分割的曲线。

（2）继续进行【分割曲线】命令，鼠标同样选择上方圆弧和竖直方向的直线作为【要分割的曲线】和【边界对象】并选择下方大致的交点位置，选择的部位如图 1-3-30 所示。单击 确定 按钮完成第二次曲线的修剪并关闭【分割曲线】对话框，修剪的结果如图 1-3-31 所示。

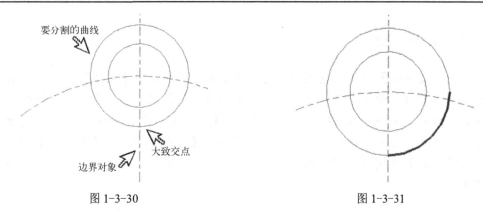

图 1-3-30　　　　　　　　　　图 1-3-31

（3）选择【曲线】带状工具条中的【更多】命令按钮，将【曲线】带状工具条中隐含的常用命令打开，单击选择（连结曲线）命令按钮，系统弹出【连结曲线】对话框。将【设置】选项卡中的【关联】复选框取消，【输入曲线】下拉复选框中选择【替换】，如图 1-3-32 所示。【上边框条】中选择【单条曲线】，如图 1-3-33 所示。选择φ30圆的右侧两个圆弧，如图 1-3-34 所示，单击 确定 按钮完成两个圆弧的连接并关闭【连结曲线】对话框，绘制的结果如图 1-3-35 所示。

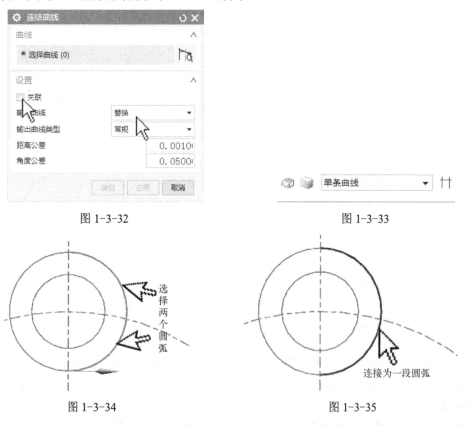

图 1-3-32　　　　　　　　　　图 1-3-33

图 1-3-34　　　　　　　　　　图 1-3-35

（4）单击【工具】带状工具条中的（移动对象）命令按钮，系统弹出【移动对象】对话框，如图 1-3-36 所示。首先选择 R24 圆的右侧半个圆弧作为要移动的对象如图 1-3-35 所示，在【变换】选项卡中的【运动】选择（角度）图标，【指定矢量】下拉复选框选择 Z 轴的正向，【指定轴点】选择 交点并选择水平和竖直的二条中心线，其他选项的选择及填写见图 1-3-36 所示，单击 [确定] 按钮完成【移动对象】命令并关闭对话框，移动结果如图 1-3-37 所示。

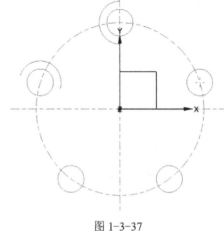

图 1-3-36　　　　　　　　　　　　　　图 1-3-37

（5）单击【曲线】带状工具条中的 (圆弧/圆) 命令按钮，系统弹出【圆弧/圆】对话框，如图 1-3-38 所示。在【类型】下拉复选框中选择【三点画圆弧】选项，分别选择两圆弧为绘制 R72 圆弧的起点和端点并拖拽成如图 1-3-39 所示位置，在【半径】框内输入 72，将【设置】选项卡中的【关联】复选框勾除后，单击 [确定] 按钮完成相切圆弧的绘制，结果如图 1-3-40 所示。

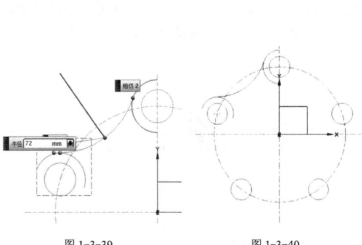

图 1-3-38　　　　　　　　图 1-3-39　　　　　　　　图 1-3-40

（6）单击【曲线】带状工具条中的 ❓（基本曲线）命令按钮，单击 ❓（修剪）子命令按钮，系统弹出【修剪曲线】对话框，如图 1-3-41 所示。将【设置】选项卡中的各选项调整为图 1-3-42 所示的模式，按照图 1-3-43 所示的顺序选择【要修剪的曲线】和【边界对象 1】，然后单击 应用 按钮完成第一次修剪，结果如图 1-3-44 所示。

图 1-3-41

图 1-3-42

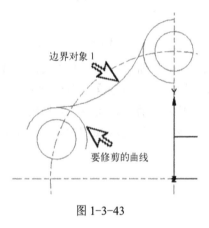

图 1-3-43

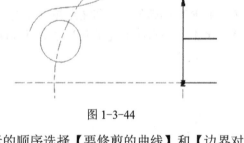

图 1-3-44

继续修剪上方的圆弧，按照图 1-3-45 所示的顺序选择【要修剪的曲线】和【边界对象 1】，单击 确定 按钮完成第二次修剪并关闭【修剪曲线】对话框。单击【基本曲线】对话框中的 取消 按钮关闭【基本曲线】对话框，绘制结果如图 1-3-46 所示。

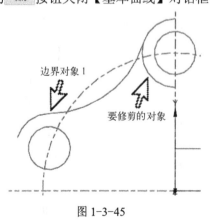

图 1-3-45

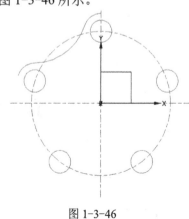

图 1-3-46

8. 连结曲线

选择【曲线】带状工具条中的【更多】命令按钮，将【曲线】带状工具条中隐含的常用命令打开，单击选择 (连结曲线) 命令按钮，系统弹出【连结曲线】对话框。将【设置】选项卡中的【关联】复选框取消，【输入曲线】下拉复选框中选择【替换】，如图 1-3-47 所示。【上边框条】中选择【单条曲线】，如图 1-3-48 所示。鼠标选择三个相切的圆弧如图 1-3-49 所示。单击 确定 按钮完成两个圆弧的连接并关闭【连结曲线】对话框，绘制的结果如图 1-3-50 所示。

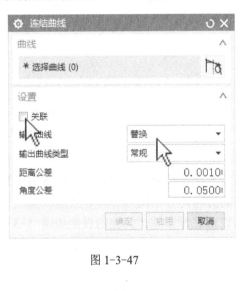

图 1-3-47

图 1-3-48

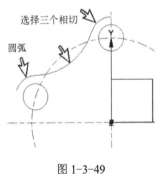

图 1-3-49

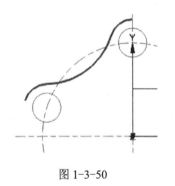

图 1-3-50

9. 利用角度移动对象

单击【工具】带状工具条中的 (移动对象) 命令按钮，系统弹出【移动对象】对话框，如图 1-3-51 所示。首先选择已经连接成一段曲线的三个圆弧作为要移动的对象，如图 1-3-52 所示。在【变换】选项卡中的【运动】选项单击 (角度) 图标，【指定矢量】下拉复选框中选择 (Z 轴的正向)，【指定轴点】选项中选择 (交点) 并选择水平和竖直的二条中心线，其他选项的选择及填写见图 1-3-51 所示，单击 确定 按钮完成【移动对象】命令并关闭对话框，移动结果如图 1-3-53 所示。

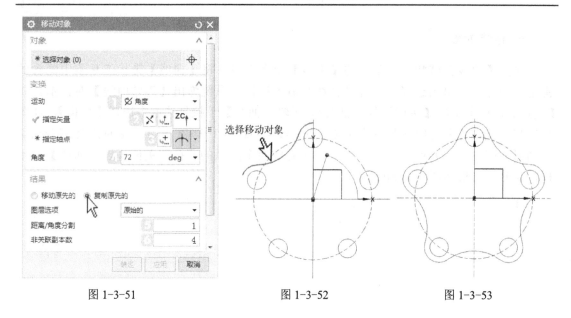

图 1-3-51　　　　　　图 1-3-52　　　　　　图 1-3-53

10. 偏置曲线

单击【曲线】带状工具条中的 ◎（偏置曲线）命令按钮，系统弹出【偏置曲线】对话框。首先选择外轮廓五个等分的圆弧并使偏置的方向向外如图 1-3-54 所示。如果方向不正确则单击【偏置曲线】对话框中的 ⊠ 反向按钮来进行调整，其他的设定如图 1-3-55 所示。当所有的设定完毕后单击 确定 按钮完成【偏置曲线】命令并关闭对话框，偏置结果如图 1-3-56 所示。

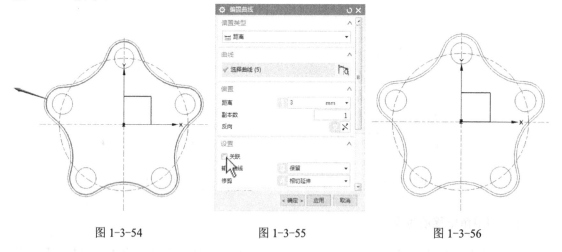

图 1-3-54　　　　　　图 1-3-55　　　　　　图 1-3-56

11. 绘制内接五边形

选择【曲线】带状工具条中的【更多】命令按钮，将【曲线】带状工具条中隐含的常用命令打开，单击选择 ⊙（多边形）命令按钮，系统弹出【多边形】对话框。在【边数】的输入框内输入【5】，如图 1-3-57 所示。单击 确定 按钮系统弹出【多边形】二级对话框并单击【内切圆半径】按钮，如图 1-3-58 所示。此时系统弹出【多边形】三级对话框，按照

图 1-3-59 所示在【内切圆半径】、【方位角】中分别输入【40】、【18】，单击 确定 按钮，系统弹出【点】对话框如图 1-3-60 所示。

图 1-3-57　　　　　　　　图 1-3-58　　　　　　　　图 1-3-59

此时【下边框条】提示【定义原点】，在【XC】、【YC】、【ZC】中分别输入【0】、【0】、【0】，单击 确定 按钮完成多边形及所有图形元素的绘制，单击 取消 按钮关闭【点】对话框，绘制结果如图 1-3-61 所示。

图 1-3-60

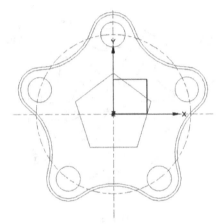

图 1-3-61

习　　题

根据以下图纸绘制二维图形。（见图 1-1~图 1-8）

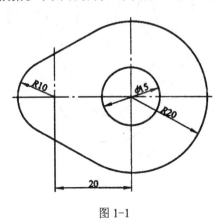

图 1-1　　　　　　　　　　　　　　图 1-2

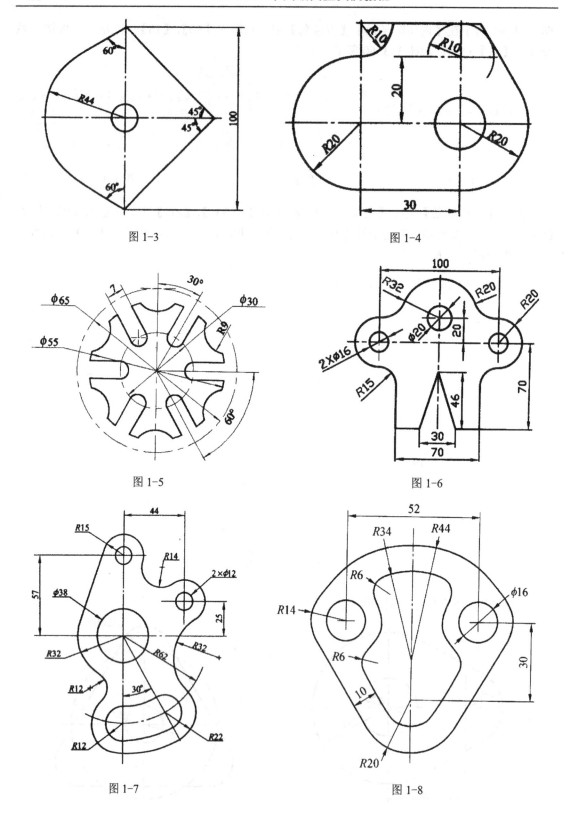

图 1-3

图 1-4

图 1-5

图 1-6

图 1-7

图 1-8

第2章

三维线框构图

 内容介绍

本章主要介绍三维图形的绘制方法。
绘制的思路及步骤：
1. 分析图形的组成元素，确定绝对坐标的位置及绘图的原点；
2. 利用第 1 章所学的绘图命令进行基本绘制；
3. 分析绘图平面并采用旋转、移动 WCS 等命令及时调整工件的坐标系；
4. 在调整后的绘图平面上绘制各基本图形元素。

 学习目标

通过本章实例的练习，使读者能熟练掌握线框的构建方法，开拓构建思路并提高线框创建的基本技巧。

2.1 实例一 空间直线、圆弧的绘制

通过本实例的练习能够学习到的命令按钮：

（1）学习【曲线】带状工具条中 ○【基本曲线】命令中 ╱【直线】子命令内的利用【平行于】的方法绘制与各轴平行的直线段。

（2）学习【工具】带状工具条中的 ┌┐【移动对象】命令中利用 ╱【点到点】的方法移动对象。

（3）学习使用【视图】中的 ◙【隐藏】命令。

（4）学习使用 ☰菜单(M)▾ 中【格式】|【WCS】工具条中的 ○【旋转】命令。

（5）学习利用【基本曲线】命令中的 ┐圆角功能中利用【点构造器】进行圆弧的绘制。

实例一图形如图 2-1-1 所示。

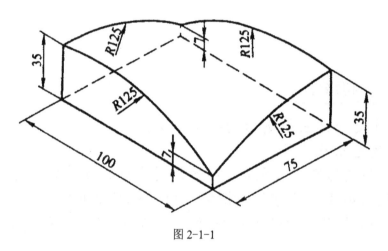

图 2-1-1

1. 创建新文件

建立以 T2-1.prt 为文件名，单位为毫米的模型文件。

2. 绘制矩形

选择【视图】带状工具条中的 ◙（正三轴侧图）定向命令按钮，将视图合理定向。选择【曲线】带状工具条中的【更多】命令按钮，将【曲线】带状工具条中隐含的常用命令打开，单击选择 ▱（矩形）命令按钮，系统弹出【点】对话框，如图 2-1-2 所示，用以定义矩形的顶点 1。在对话框中单击 ○（重置）按钮，然后单击 确定 按钮，系统提示用以定义矩形的顶点 2。在【点】对话框的【XC】、【YC】、【ZC】栏中分别输入【100】、【75】、【0】，如图 2-1-3 所示，然后单击 确定 按钮完成矩形的绘制。单击 取消 按钮结束矩形的绘制，结果如图 2-1-4 所示。

第2章 三维线框构图

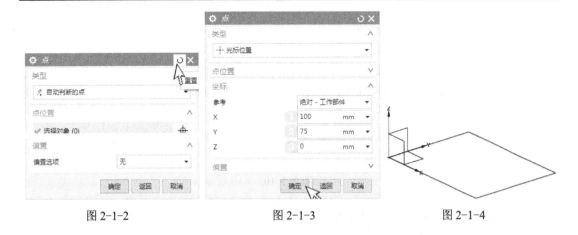

图 2-1-2　　　　　　　　图 2-1-3　　　　　　　　图 2-1-4

3. 绘制竖直线段

（1）单击【曲线】带状工具条中的 ✏（基本曲线）命令按钮，弹出【基本曲线】对话框。单击 ╱（直线）按钮并将【点方法】下拉复选框选择为 ╱·（端点），如图 2-1-5 所示。单击如图 2-1-6 所示直线的一端，然后在【基本曲线】对话框中的【平行于】栏内单击 ZC 按钮，同时单击取消【线串模式】，如图 2-1-7 所示。

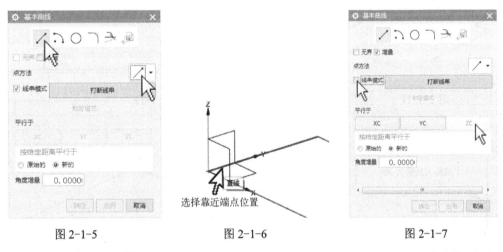

图 2-1-5　　　　　　　　图 2-1-6　　　　　　　　图 2-1-7

在【跟踪条】中的 ✏（长度栏）内输入【35】如图 2-1-8 所示，然后将鼠标移动到直线的上方，使垂直于 ZC 方向的直线位于 Z 轴的正方向上，如图 2-1-9 所示。此时【跟踪条】处于激活状态，按回车键完成长度为 35mm 的线段的绘制，单击鼠标中键打断线串，结果如图 2-1-10 所示。

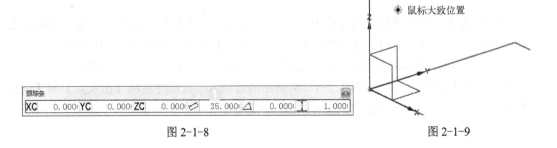

图 2-1-8　　　　　　　　图 2-1-9

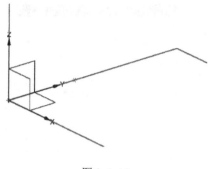

图 2-1-10

（2）单击如图 2-1-11 所示直线的一端，然后在【基本曲线】对话框中的【平行于】栏内单击 ZC 按钮。在【跟踪条】中的 （长度栏）内输入【7】如图 2-1-12 所示，将鼠标移动到直线的上方，使垂直于 ZC 方向的直线位于 Z 轴的正方向上如图 2-1-13 所示。此时【跟踪条】处于激活状态按回车键完成长度为 7mm 的线段的绘制，单击 取消 按钮结束直线的绘制，结果如图 2-1-14 所示。

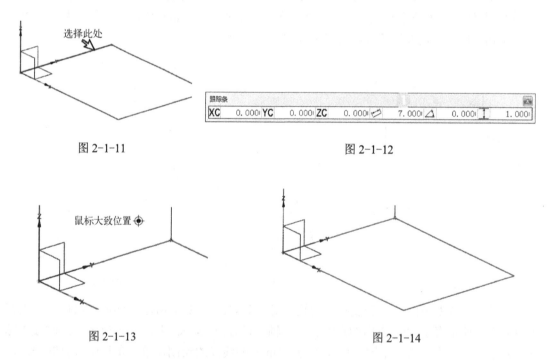

图 2-1-11 图 2-1-12

图 2-1-13 图 2-1-14

4．移动直线对象

（1）单击【工具】带状工具条中的 （移动对象）命令按钮，系统弹出【移动对象】对话框，如图 2-1-15 所示。在【变换】选项卡中的【运动】下拉复选框中单击 （点到点）按钮，并选择 35mm 的直线作为移动的对象，如图 2-1-16 所示。按照图 2-1-17 所示设置好各选项卡的内容，并按照图 2-1-18 所示的选择方法及顺序完成【出发点】和【终止点】的选择，单击 应用 按钮完成 35mm 直线段的移动。

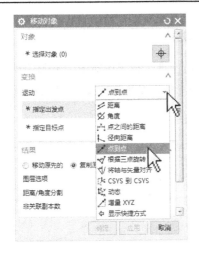

图 2-1-15

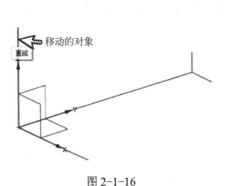

图 2-1-16

图 2-1-17

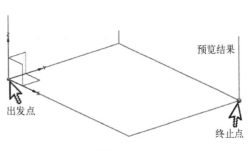

图 2-1-18

（2）利用上述方法选择 7mm 的直线作为移动的对象，如图 2-1-19 所示。按照图 2-1-17 所示设置好各选项卡的内容并按照图 2-1-20 的选择方法及顺序完成【出发点】和【终止点】的选择，单击 确定 按钮完成 7mm 直线段的移动并结束【移动对象】命令。

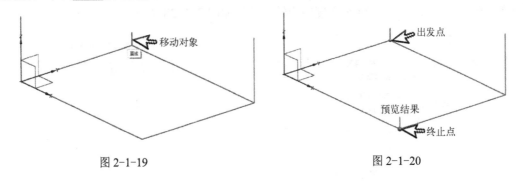

图 2-1-19　　　　　　　　　　　　　　图 2-1-20

5. 显示绝对 WCS、隐藏 CSYS 并进行 WCS 的旋转

（1）单击【上边框条】中的 菜单(M)·命令按钮，系统出现下拉菜单如图 2-1-21 所示，选择【格式】下拉菜单里的【WCS】内的 （显示 WCS）命令条，结果如图 2-1-22 所示。

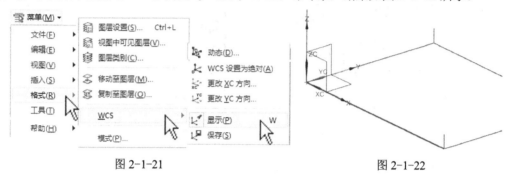

图 2-1-21　　　　　　　　　　　　图 2-1-22

（2）单击【视图】带状工具条中的 （隐藏）命令按钮，系统弹出【类选择】对话框如图 2-1-23 所示，选择绘图区域中的 CSYS 基准坐标系，如图 2-1-24 所示。单击 确定 按钮完隐藏命令并关闭【类选择】对话框，结果如图 2-1-25 所示。

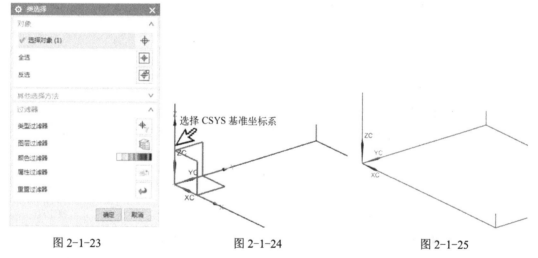

图 2-1-23　　　　　　　图 2-1-24　　　　　　　图 2-1-25

（3）单击【上边框条】中的 菜单(M)·命令按钮，系统出现下拉菜单如图 2-1-26 所示，选择【格式】下拉菜单里的【WCS】内的 （旋转 WCS）命令条。系统弹出【旋转 WCS 绕…】对话框，如图 2-1-27 所示。选择【+XC 轴 YC—ZC】复选框，在【角度】栏中输入【90】，单击 确定 按钮完成 WCS 角度的旋转，结果如图 2-1-28 所示。

图 2-1-26　　　　　　　　　　　　图 2-1-27

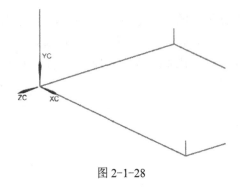

图 2-1-28

6. 利用圆角功能绘制直立的两个圆弧

(1) 单击【曲线】带状工具条中的 ◯ (基本曲线) 命令按钮，系统弹出【基本曲线】对话框，单击 ⌐ (圆角) 按钮，系统跳转到【曲线倒圆】对话框，单击选择第二种曲线倒圆的方法，在【半径】栏内输入【125】，如图 2-1-29 所示。单击【点构造器】按钮，系统弹出【点】对话框，单击图 2-1-30 中所示的三个点，完成圆角的绘制。这样按照逆时针的选择顺序绘制了一个已知圆弧起始点、终止点和大致圆心位置，半径为 125mm 的圆弧，结果如图 2-1-31 所示。

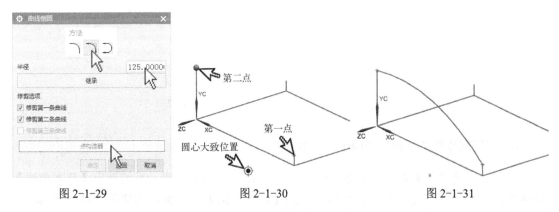

图 2-1-29　　　　　　图 2-1-30　　　　　　图 2-1-31

(2) 系统自动返回到图 2-1-29 所示的【曲线倒圆】对话框，保持半径为 125mm 不变，单击【点构造器】按钮，按照图 2-1-32 中所示的三个点进行选择，完成圆弧的绘制，单击 取消 按钮结束【曲线倒圆】命令并关闭对话框，绘制结果如图 2-1-33 所示。

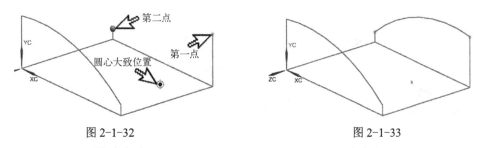

图 2-1-32　　　　　　　　　　图 2-1-33

7. 进行 WCS 工件坐标系的调整

单击【上边框条】中的 菜单(M)· 命令按钮，系统出现下拉菜单如图 2-1-34 所示，选择

【格式】下拉菜单里的【WCS】内的 (定向)命令条,,系统弹出【CSYS】对话框,如图 2-1-35 所示。在【类型】下拉复选框中选择【X 轴,Y 轴】,按照图 2-1-36 所示的位置依次选择 X 轴和 Y 轴,单击 确定 按钮完成 WCS 的调整,结果如图 2-1-37 所示。

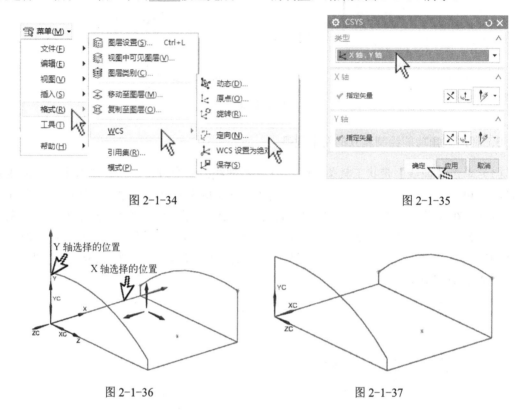

图 2-1-34   图 2-1-35

图 2-1-36   图 2-1-37

8. 利用圆角功能绘制另外两个直立的圆弧

(1) 单击【曲线】带状工具条中的 (基本曲线)命令按钮,系统弹出【基本曲线】对话框,单击 (圆角)按钮,系统跳转到【曲线倒圆】对话框,选择第二种曲线倒圆的方法,在【半径】栏输入【125】,如图 2-1-29 所示。单击【点构造器】按钮,系统弹出【点】对话框,单击依次选择图 2-1-38 中所示的三个点,完成一侧圆弧的绘制,结果如图 2-1-39 所示。

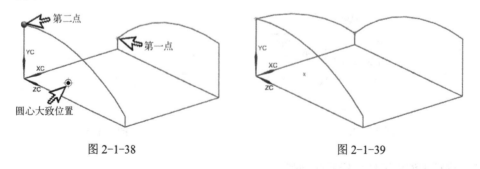

图 2-1-38   图 2-1-39

(2) 系统自动返回到图 2-1-26 所示的【曲线倒圆】对话框,保持半径为 125mm 不变,单击【点构造器】按钮,按照图 2-1-40 中所示的三个点依次单击进行选择,完成圆角的绘制，单击 取消 按钮结束【曲线倒圆】命令并关闭对话框，绘制结果如图 2-1-41 所示。

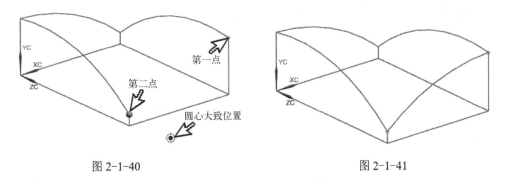

图 2-1-40　　　　　　　　　　　　　　　　图 2-1-41

2.2　实例二　三维管道的绘制

通过本实例的练习能够学习到的命令按钮：

（1）学习 菜单(M)· 中【格式】|【WCS】工具条中的 【WCS 原点】命令。

（2）学习 （基本曲线）命令中 【圆弧】子命令中的【中心，起点，终点】的绘制方法。

（3）学习 菜单(M)· 中【格式】|【WCS】工具条中的 【WCS 设置为绝对】命令。

（4）学习 菜单(M)· 中【格式】|【WCS】工具条中的 【定向】命令。

（5）学习 菜单(M)· 中【编辑】工具条中 【变换】命令中的【通过一平面镜像】的方法。

实例二图形如图 2-2-1 所示。

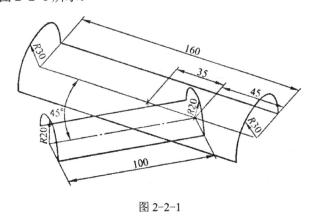

图 2-2-1

1. 创建新文件、显示绝对 WCS 并隐藏 CSYS

（1）建立以 T2-2.prt 为文件名，单位为毫米的模型文件。

（2）单击【上边框条】中的 菜单(M)· 命令按钮，系统出现下拉菜单如图 2-1-21 所示，选择【格式】下拉菜单里的【WCS】子菜单内的 （显示 WCS）命令。

（3）单击【视图】带状工具条中的 ⛝（隐藏）命令按钮，系统弹出【类选择】对话框。选择绘图区域中的 CSYS 基准坐标系，如图 2-2-2 所示。然后单击 确定 按钮完隐藏命令并关闭【类选择】对话框，结果如图 2-2-3 所示。

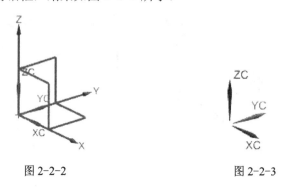

图 2-2-2　　　　　　　　　　　图 2-2-3

2. 设置对象属性及绘制中心线

（1）选择【文件】|【首选项】菜单中的【对象】命令，系统弹出【对象首选项】对话框，如图 2-2-4 所示。在【类型】下拉复选框中选择【直线】，在【线型】下拉复选框中选择【中心线】，最后单击 确定 按钮完成对象属性的修改。

（2）单击【曲线】带状工具条中的 ⭗（基本曲线）命令按钮，弹出【基本曲线】对话框。单击 ╱（直线）按钮，取消【线串模式】，如图 2-2-5 所示。在【跟踪条】的【XC】、【YC】、【ZC】栏中分别输入【80】、【0】、【0】如图 2-2-6 所示，按回车键确认直线的起点，紧接着在【XC】、【YC】、【ZC】栏中输入【-80】、【0】、【0】如图 2-2-7 所示，按回车键确认直线的终点，绘制结果如图 2-2-8 所示。

图 2-2-4

图 2-2-5

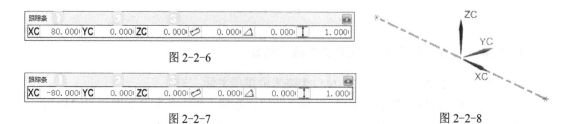

图 2-2-6　　　　　　　　　　　图 2-2-7　　　　　　　　　　　图 2-2-8

（3）继续绘制中心线，在【跟踪条】的【XC】、【YC】、【ZC】栏中分别输入【35】、【0】、【0】，如图 2-2-9 所示，按回车键确认直线的起点，然后在【跟踪条】的 【长度】和 【角度】中分别输入【100】、【225】，如图 2-2-10 所示，按回车键完成中心线的绘制，单击【基本曲线】对话框中的 取消 按钮关闭对话框，绘制结果如图 2-2-11 所示。

（4）选择【文件】|【首选项】菜单中的【对象】命令，系统弹出【对象首选项】对话框，将【常规】选项卡中的【类型】下拉复选框调整成为【直线】，接着将【线型】下拉复选框调整成为【实体】，调整后的结果如图 2-2-12 所示。

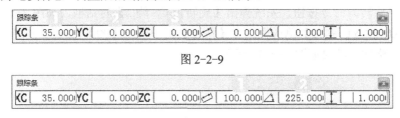

图 2-2-9

图 2-2-10

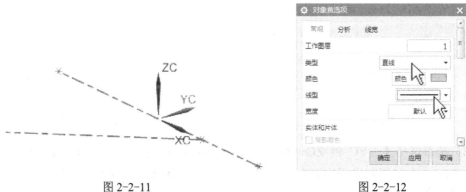

图 2-2-11

图 2-2-12

3. 移动、旋转 WCS 工作坐标系

（1）单击【上边框条】中的 菜单(M)· 命令按钮，选择【格式】下拉菜单里的【WCS】内的 （原点）命令按钮，系统弹出【点】对话框，如图 2-2-13 所示。在图形中选择如图 2-2-14 所示的端点，单击 确定 按钮将 WCS 工作坐标系移动到此端点，结果如图 2-2-15 所示。

图 2-2-13

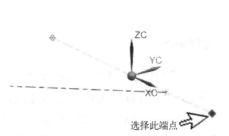

图 2-2-14

图 2-2-15

（2）单击【上边框条】中的 菜单(M)· 命令按钮，选择【格式】下拉菜单里的【WCS】子菜单内的 (旋转) 命令按钮，系统弹出【旋转 WCS 绕...】对话框，如图 2-2-16 所示。单击选择【+XC 轴 YC—ZC】单选框，在【角度】栏中输入【90】，单击 应用 按钮完成 WCS 角度的第一次旋转，结果如图 2-2-17 所示。

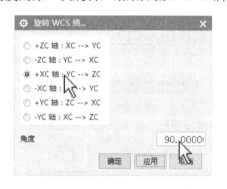
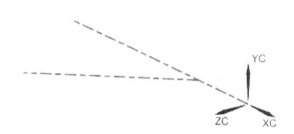

图 2-2-16　　　　　　　　　　　图 2-2-17

（3）接着选择【+YC 轴 ZC—XC】单选框，在【角度】栏中输入【90】，如图 2-2-18 所示，单击 确定 按钮完成 WCS 工作坐标系的旋转并关闭【旋转 WCS】对话框，结果如图 2-2-19 所示。

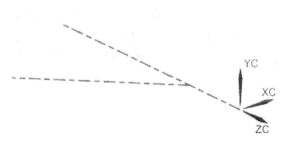

图 2-2-18　　　　　　　　　　　图 2-2-19

4．绘制圆弧

（1）单击【曲线】带状工具条中的 (基本曲线) 命令按钮，系统弹出【基本曲线】对话框。单击 (圆弧) 按钮，取消【线串模式】，在【创建方法】栏内选择【中心，起点，终点】选项，如图 2-2-20 所示。在【跟踪条】中的【XC】、【YC】、【ZC】中输入【0】、【0】、【0】如图 2-2-21 所示，然后按回车键确认圆弧的中心。接着在【跟踪条】的

【半径】栏内输入【30】,在【起始角】栏内输入【0】,在【终止角】栏内输入【180】,如图 2-2-22 所示,按回车键绘制出一个圆弧,单击 取消 按钮结束【基本曲线】命令,结果如图 2-2-23 所示。

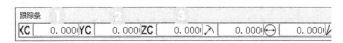

图 2-2-20　　　　　　　　　　　　　　　图 2-2-21

图 2-2-22　　　　　　　　　　　　　　　图 2-2-23

(2)单击【上边框条】中的 菜单(M)·命令按钮,选择【格式】下拉菜单里的【WCS】内的 (WCS 设置为绝对)命令按钮,将工件坐标系移动至与绝对坐标系重合的位置,结果如图 2-2-24 所示。单击【曲线】带状工具条中的 (基本曲线)命令按钮,系统弹出【基本曲线】对话框,单击 (直线)按钮,取消【线串模式】,在【点方式】下拉复选框中选择 (自动判断点),如图 2-2-25 所示。

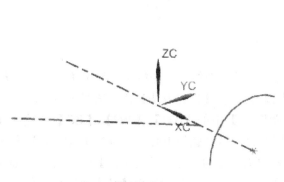

图 2-2-24　　　　　　　　　　　　　　　图 2-2-25

按照图 2-2-26 所示选择中心线的端点,然后选择此中心线,在中心线的下方选择一点，鼠标上下移动可拉出一条与此直线段相垂直或平行的直线，单击鼠标左键绘制出与此中心线相垂直的直线，如图 2-2-27 所示。

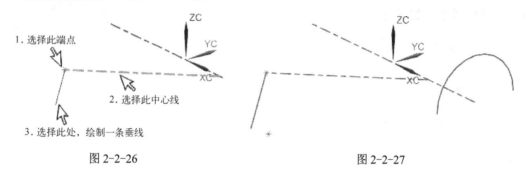

图 2-2-26　　　　　　　　　　　　　　图 2-2-27

（3）单击【上边框条】中的 菜单(M)·命令按钮，选择【格式】下拉菜单里的【WCS】内的 (定向) 命令按钮，系统弹出【CSYS】对话框，如图 2-2-28 所示。在【类型】下拉复选框中选择【Z 轴，X 点】，然后按照图 2-2-29 所示依次选择 Z 轴和 X 轴上的点，最后单击 确定 按钮完成工作坐标系的创建，结果如图 2-2-30 所示。

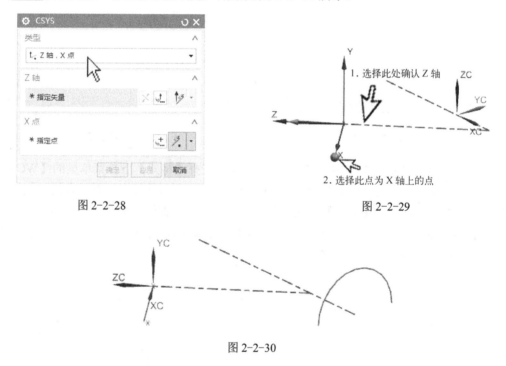

图 2-2-28　　　　　　　　　　　　　　图 2-2-29

图 2-2-30

（4）单击【曲线】带状工具条中的 (基本曲线) 命令按钮，弹出【基本曲线】对话框。单击 (圆弧) 按钮，取消【线串模式】，在【创建方法】栏内选择【中心，起点，终点】选项，如图 2-2-31 所示。在【跟踪条】中的【XC】、【YC】、【ZC】中输入【0】、【0】、【0】如图 2-2-32 所示，然后按回车键确认圆弧的中心，接着在【跟踪条】中的 【半径】栏内输入【20】，在 起始角 栏内输入【0】，在 终止角 栏内输入【180】，如图 2-2-33 所示，按回车键绘制出一个圆弧，单击 取消 按钮结束【基本曲线】命令，结果如图 2-2-34 所示。

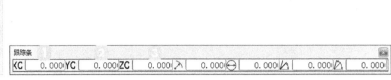

图 2-2-31　　　　　　　　　　　图 2-2-32

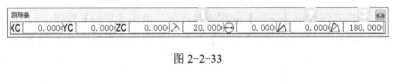

图 2-2-33

图 2-2-34

5. 镜像圆弧

（1）单击【上边框条】中的 菜单(M)· 命令按钮，选择【格式】下拉菜单里的【WCS】内的 （原点）命令按钮，系统弹出【点】对话框，将【选择条】工具条中的 （中点）捕捉打开，在图形中选择如图 2-2-35 所示直线的中点，单击 确定 按钮将 WCS 工作坐标系移动到此直线的中点，结果如图 2-2-36 所示。

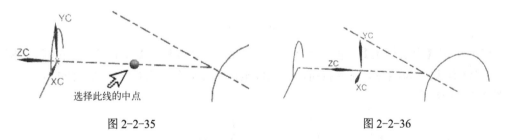

图 2-2-35　　　　　　　　　　　图 2-2-36

（2）单击【上边框条】中的 菜单(M)· 命令按钮，如图 2-2-37 所示，选择【编辑】下拉菜单里的 （变换）命令按钮，系统弹出【变换】对话框并提示选择要变换的对象，如图 2-2-38 所示。选择如图 2-2-39 所示圆弧并单击 确定 按钮，系统弹出【变换】的二级对话框，选择【通过一平面镜像】，如图 2-2-40 所示。

图 2-2-37　　　　　　　图 2-2-38　　　　　　　图 2-2-39

此时系统弹出【刨】对话框，在【类型】下拉复选框中选择【XC—YC 平面】，如图 2-2-41 所示，单击 确定 按钮系统弹出【变换】的四级对话框，单击【复制】按钮，如图 2-2-42 所示，完成圆弧的镜像。单击 取消 按钮结束【变换】命令，镜像的结果如图 2-2-43 所示。

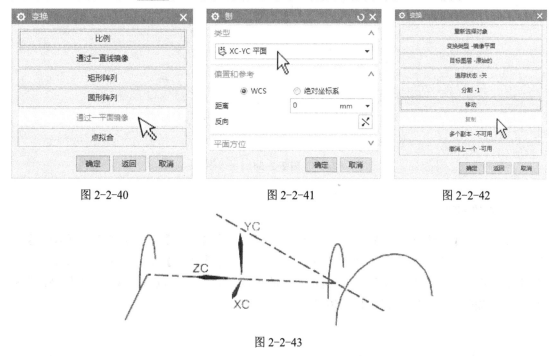

图 2-2-40　　　　　　　图 2-2-41　　　　　　　图 2-2-42

图 2-2-43

（3）单击【上边框条】中的 菜单(M)· 命令按钮，选择【格式】下拉菜单里的【WCS】内的 ￪（WCS 设置为绝对）命令按钮，将工件坐标系移动至与绝对坐标系重合的位置，结果如图 2-2-44 所示。

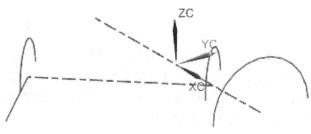

图 2-2-44

（4）单击【上边框条】中的 菜单(M)· 命令按钮，选择【编辑】下拉菜单里的 （变换）命令按钮，系统弹出【变换】对话框并提示选择要变换的对象，如图 2-2-38 所示。选择如图 2-2-45 所示圆弧并单击 确定 按钮，系统弹出【变换】的二级对话框，选择【通过一平面镜像】，如图 2-2-40 所示。

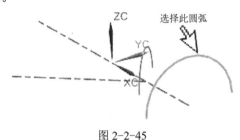

图 2-2-45

此时系统弹出【刨】对话框，在【类型】下拉复选框中选择【YC—ZC 平面】，如图 2-2-46 所示。单击 确定 按钮系统弹出【变换】的四级对话框，【状态栏】提示进行【选择操作】，单击【复制】按钮，如图 2-2-42 所示，完成圆弧的镜像。单击 取消 按钮结束【变换】命令，镜像的结果如图 2-2-47 所示。

图 2-2-46

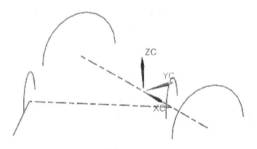

图 2-2-47

6．绘制直线

（1）单击【曲线】带状工具条中的 （基本曲线）命令按钮，弹出【基本曲线】对话框，选择 （直线）按钮，取消【线串模式】，并将【点方法】下拉复选框选择为 ·（端点），如图 2-2-48 所示。分别选择四个圆弧的 8 个端点，绘制出 4 条直线。单击 取消 按钮关闭【基本曲线】命令，绘制结果如图 2-2-49 所示。

图 2-2-48

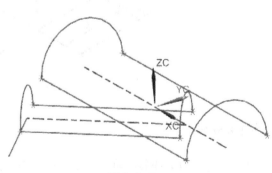

图 2-2-49

（2）单击绘制的辅助垂直线，鼠标保持不动，屏幕弹出快捷菜单，如图 2-2-50 所示，单击 （删除）命令完成辅助线的删除，结果如图 2-2-51 所示。

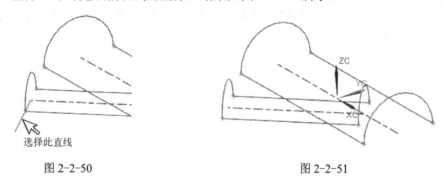

图 2-2-50　　　　　　　　　　　　图 2-2-51

2.3　实例三　空间偏置、带角度圆弧类曲线的绘制

通过本实例的练习能够学习到的命令按钮：
（1）学习【视图】带状工具条中的【俯视图】命令。
（2）学习【工具】带状工具条中的【移动对象】命令中利用【距离】的方法移动对象。
（3）学习菜单(M)·中【格式】|【WCS】工具条中的【定向】命令中利用【原点，X 点，Y 点】的方法创建工作坐标系。

实例三图形如图 2-3-1 所示。

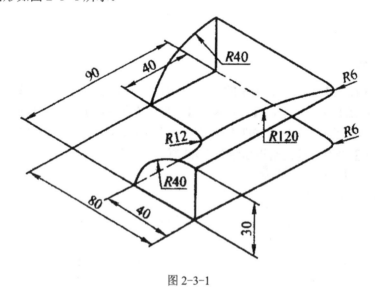

图 2-3-1

1. 创建新文件

建立以 T2-3.prt 为文件名，单位为毫米的模型文件。

2. 绘制矩形

（1）单击【曲线】带状条中的 □（矩形）命令按钮，系统弹出【点】对话框，如图 2-3-2 所示，用以定义矩形的顶点 1。在对话框中单击 ○（重置）按钮，然后单击 确定 按钮，系统提示用以定义矩形的顶点 2，在【点】对话框的【XC】、【YC】、【ZC】中分别输入【80】、【90】、【0】，如图 2-3-3 所示，然后单击 确定 按钮完成矩形的绘制，单击 取消 按钮结束矩形的绘制，结果如图 2-3-4 所示。

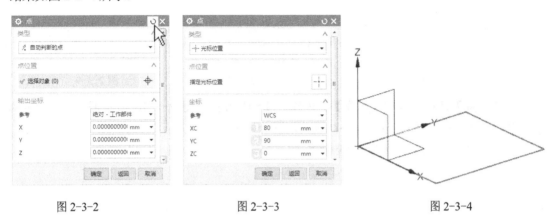

图 2-3-2   图 2-3-3   图 2-3-4

（2）单击【上边框条】中的 菜单(M)·命令按钮，系统出现下拉菜单如图 2-1-21 所示，选择【格式】下拉菜单里的【WCS】内的（显示 WCS）命令条。再单击【视图】带状工具条中的（隐藏）命令按钮，系统弹出【类选择】对话框，选择绘图区域中的 CSYS 基准坐标系，然后单击 确定 按钮完隐藏命令并关闭【类选择】对话框，结果如图 2-3-5 所示。

（3）单击【视图】带状工具条中的（俯视图）图标，图形中的坐标显示已经进行转换，如 2-3-6 所示。

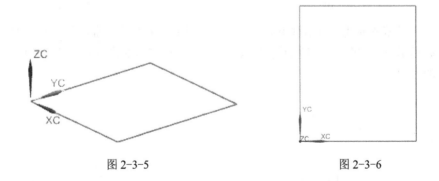

图 2-3-5   图 2-3-6

3. 偏置曲线

（1）单击【曲线】带状工具条中的（偏置曲线）命令按钮，系统弹出【偏置曲线】对话框。在【类型】下拉复选框中选择默认的【距离】选项，如图 2-3-7 所示。根据提示选择如图 2-3-8 所示要偏置的曲线，再在图中选择如图 2-3-9 所示的点，出现偏置的方向箭头。

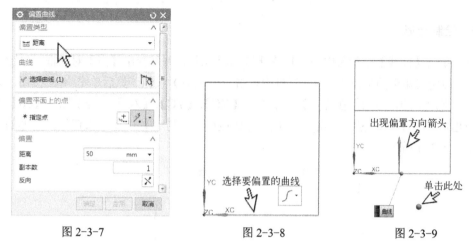

图 2-3-7　　　　　　　图 2-3-8　　　　　　　图 2-3-9

将【偏置】选项卡内的【距离】栏内输入【50】并按照图 2-3-10 所示调整好选项卡的各内容，单击 应用 按钮完成第一条曲线的偏置，如图 2-3-11 所示。

 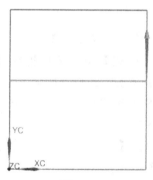

图 2-3-10　　　　　　　　　　　　　　　图 2-3-11

（2）单击【偏置曲线】对话框中的 ↻（重置）按钮，重新进行曲线的选择，如图 2-3-12 所示。根据提示选择如图 2-3-13 所示要偏置的曲线，再在图中选择如图 2-3-14 所示的点，出现偏置的方向箭头。

  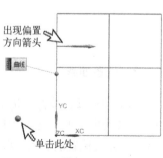

图 2-3-12　　　　　　　图 2-3-13　　　　　　　图 2-3-14

将【偏置】选项卡内的【距离】栏内输入【40】并按照图 2-3-15 所示调整好选项卡的各内容，单击 确定 按钮完成第二条曲线的偏置，如图 2-3-16 所示。

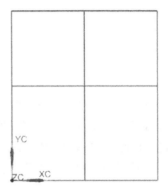

图 2-3-15　　　　　　　　　　　　　　图 2-3-16

4．绘制圆角并修剪曲线

（1）单击【曲线】带状工具条中的 （基本曲线）命令按钮，系统弹出【基本曲线】对话框。单击 （圆角命令）图标，系统跳转到【曲线倒圆】对话框，选择第二种曲线倒圆的方法，在【半径】栏输入【12】，如图 2-3-17 所示。按照图 2-3-18 所示的选择次序依次进行第一对象、第二对象和大致圆心位置的选择，完成半径为 12mm 圆角的绘制，结果如图 2-3-19 所示。

 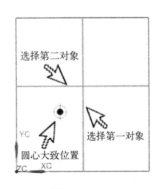 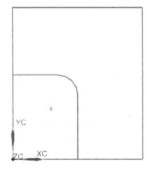

图 2-3-17　　　　　　　图 2-3-18　　　　　　图 2-3-19

（2）继续绘制圆角，在【半径】栏内输入【6】，如图 2-3-20 所示，按照图 2-3-21 所示的选择次序依次进行第一对象、第二对象和大致圆心位置的选择，完成半径为 6mm 圆角的绘制，结果如图 2-3-22 所示。

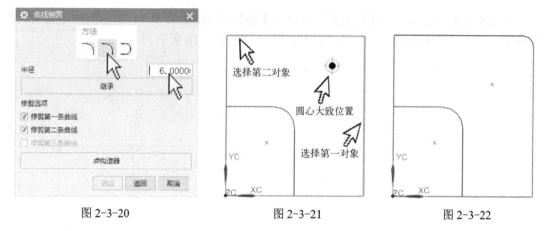

图 2-3-20　　　　　　　图 2-3-21　　　　　　　图 2-3-22

（3）单击 返回 按钮，返回至 ♀（基本曲线）命令，单击 ➣（修剪）按钮，系统弹出【修剪曲线】对话框，如图 2-3-23 所示。将【设置】选项卡中的各选项调整为图 2-3-24 所示的模式，按照图 2-3-25 所示的顺序选择【要修剪的曲线】和【边界对象 1】，然后单击 应用 按钮完成第一次修剪，结果如图 2-3-26 所示。

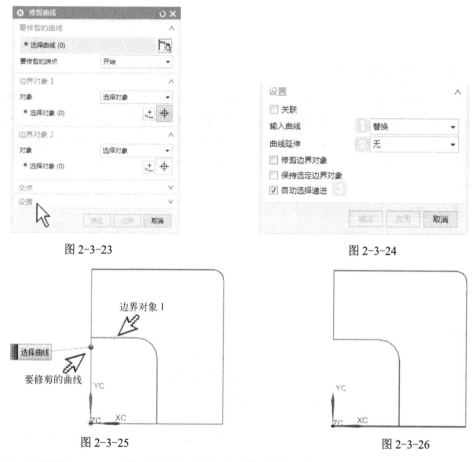

图 2-3-23　　　　　　　　　　　　　　图 2-3-24

图 2-3-25　　　　　　　　　　　　　　图 2-3-26

（4）按照图 2-3-27 所示的顺序选择【要修剪的曲线】和【边界对象 1】，然后单击 确定 按钮完成第二次修剪，并返回 ♀（基本曲线）对话框，单击 取消 按钮关闭【基本曲线】对话框，修剪结果如图 2-3-28 所示。

第 2 章 三维线框构图

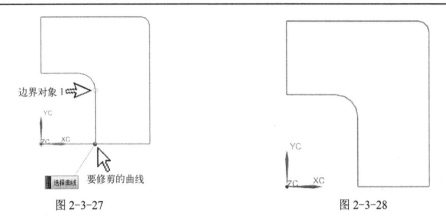

图 2-3-27　　　　　　　　　　　　图 2-3-28

5．移动曲线

（1）单击【视图】带状工具条中的 （正三轴侧图）图标，图形中的坐标显示已经进行转换，如 2-3-29 所示。

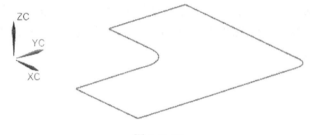

图 2-3-29

（2）单击【工具】带状工具条中的 （移动对象）命令按钮，系统弹出【移动对象】对话框如图 2-3-30 所示。首先选择三条曲线作为要移动的对象，如图 2-3-31 所示。在【变换】选项卡中的【运动】选项中单击 （距离）按钮，【指定矢量】下拉复选框中选择 Z 轴的正向，在【距离】栏内输入【30】，其他选项的选择及填写见图 2-3-32 所示。单击 确定 按钮完成【移动对象】命令并关闭对话框，移动结果如图 2-3-33 所示。

图 2-3-30

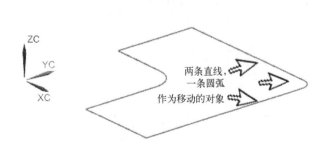

图 2-3-31

图 2-3-32

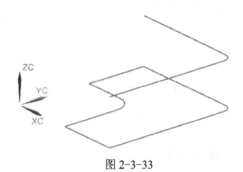
图 2-3-33

6．绘制直线

单击【曲线】带状工具条中的 （基本曲线）命令按钮，系统弹出【基本曲线】对话框。单击／（直线）按钮，按照图 2-3-34 所示，选择直线的起点和终点完成两条直线的绘制，结果如图 2-3-35 所示。

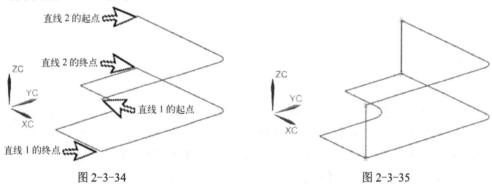

图 2-3-34　　　　　　　　　　　　　图 2-3-35

7．绘制圆弧

（1）单击【上边框条】中的 菜单(M)·命令按钮，系统出现下拉菜单如图 2-1-21 所示，选择【格式】下拉菜单里的【WCS】内的（旋转）命令按钮，系统弹出【旋转 WCS 绕...】对话框，如图 2-3-36 所示。选择【+XC 轴 YC—ZC】单选框，在【角度】栏中输入【90】，单击 确定 按钮完成 WCS 角度的旋转，结果如图 2-3-37 所示。

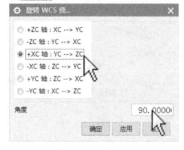

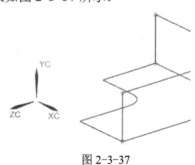

图 2-3-36　　　　　　　　　　　　　图 2-3-37

（2）单击【曲线】带状工具条中的 (基本曲线）命令按钮，系统弹出【基本曲线】对话框，单击 (圆角）按钮，系统跳转到【曲线倒圆】对话框，选择第二种曲线倒圆的方法，在【半径】栏内输入【40】，如图 2-3-38 所示。单击【点构造器】按钮，系统弹出【点】对话框，在图形中按照图 2-3-39 所示的选择顺序依次选择第一点、第二点和圆角中心点，完成 R40 圆弧的绘制，结果如图 2-3-40 所示。

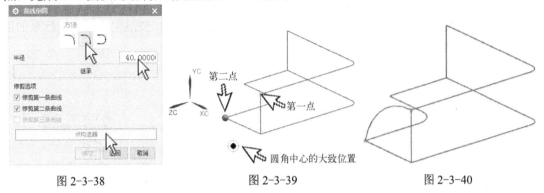

图 2-3-38　　　　　　　图 2-3-39　　　　　　　图 2-3-40

（3）单击【上边框条】中的 菜单(M)·命令按钮，系统出现下拉菜单如图 2-1-21 所示，选择【格式】下拉菜单里的【WCS】内的 (旋转）命令按钮，系统弹出【旋转 WCS 绕…】对话框，如图 2-3-41 所示。单击【+YC 轴 ZC—XC】单选框，在【角度】栏中输入【90】，单击 确定 按钮完成 WCS 角度的旋转，结果如图 2-3-42 所示。

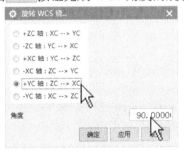 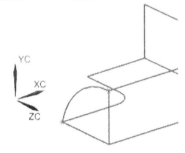

图 2-3-41　　　　　　　　　　　　　图 2-3-42

（4）单击【曲线】带状工具条中的 (基本曲线）命令按钮，系统弹出【基本曲线】对话框。单击 (圆角）按钮，系统跳转到【曲线倒圆】对话框，选择第二种曲线倒圆的方法，在【半径】栏内输入【40】，如图 2-3-38 所示。单击【点构造器】按钮，系统弹出【点】对话框，在图形中按照图 2-3-43 所示的选择顺序依次选择第一点、第二点和圆角中心点，完成 R40 圆弧的绘制，结果如图 2-3-44 所示。

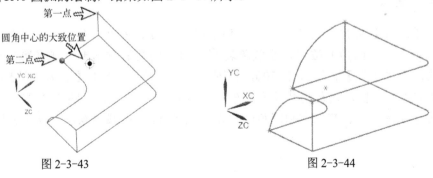

图 2-3-43　　　　　　　　　　　　　图 2-3-44

8. 调整 WCS 工作坐标系

单击【上边框条】中的 菜单(M)·命令按钮，系统出现下拉菜单如图 2-1-21 所示，选择【格式】下拉菜单里的【WCS】内的 (定向)命令按钮，系统弹出【CSYS】对话框，如图 2-3-45 所示。在【类型】下拉复选框中选择【原点，X 点，Y 点】，然后按照图 2-3-46 所示依次选择圆点、X 轴上的点和 Y 轴上的点，最后单击 确定 按钮完成工作坐标系的创建，结果如图 2-3-47 所示。

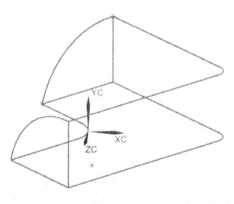

图 2-3-45　　　　　　　　　　　　图 2-3-46

图 2-3-47

9. 绘制圆弧

单击【曲线】带状工具条中的 (基本曲线)命令按钮，系统弹出【基本曲线】对话框，单击 (圆角)按钮，系统跳转到【曲线倒圆】对话框，选择第二种曲线倒圆的方法，在【半径】栏输入【120】，如图 2-3-48 所示。单击【点构造器】按钮，系统弹出【点】对话框，状态栏提示【圆角-第一点】。在图形中按照图 2-3-49 所示的选择顺序依次选择第一点、第二点和圆角中心点，完成 R120 圆弧的绘制，结果如图 2-3-50 所示。

第 2 章 三维线框构图

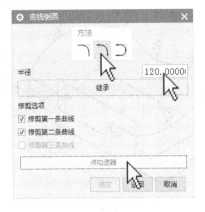

图 2-3-48

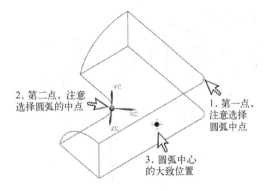

图 2-3-49

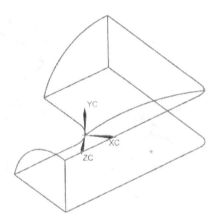

图 2-3-50

习　　题

根据以下图纸绘制三维线框图形。（见图 2-1~图 2-8）

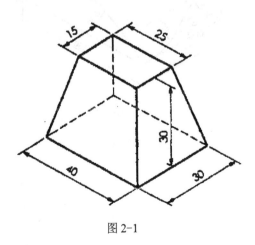

图 2-1

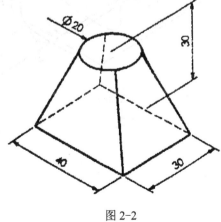

图 2-2

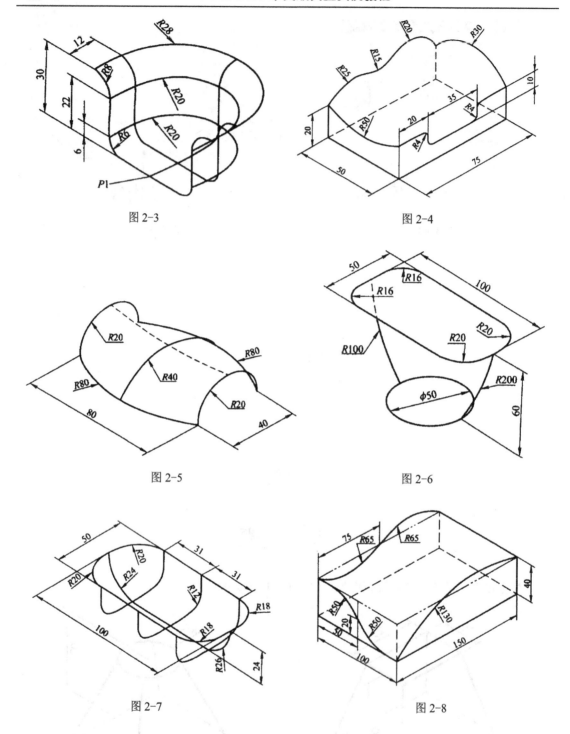

图 2-3　　　　　　　　　　　图 2-4

图 2-5　　　　　　　　　　　图 2-6

图 2-7　　　　　　　　　　　图 2-8

第 3 章

草图的绘制

 内容介绍

本章主要讲述草图曲线的构建方法。

绘制的思路及步骤:
1. 分析图形的组成;
2. 采用草图曲线工具绘制主要曲线;
3. 对所绘制的曲线加上相关约束;
4. 对没有位置约束的曲线加上尺寸标注进行约束;
5. 生成草图。

 学习目标

通过本章实例的练习,使读者能熟练掌握草图曲线的构建方法,开拓构建思路及提高草图曲线创建的基本技巧。

3.1 实例一 直线、圆简单草图的绘制

通过本实例能够学习到的新命令按钮：
（1）学习【主页】带状工具条中的【草图】命令。
（2）学习【曲线】带状工具条中【轮廓】命令中的【直线】、【圆弧】子命令的绘制方法。
（3）学习【曲线】带状工具条中【几何约束】命令中的【点在曲线上】、【相切】、【平行】的约束方法。
（4）学习【曲线】带状工具条中的【快速尺寸】命令。
（5）学习【曲线】带状工具条中的【镜像曲线】命令。
实例一图形如图 3-1-1 所示。

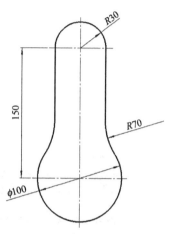

图 3-1-1

1. 创建新文件

建立以 T3-1.prt 为文件名，单位为毫米的模型文件。

2. 进入草图环境

单击【主页】带状工具条中的（草图）命令按钮，系统弹出【创建草图】对话框，如图 3-1-2 所示。选择 XC—YC 平面为草图平面，如图 3-1-3 所示。单击 确定 按钮，系统进入草图绘制区域，图形正视于 XC—YC 平面，如图 3-1-4 所示。

图 3-1-2

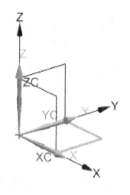

图 3-1-3

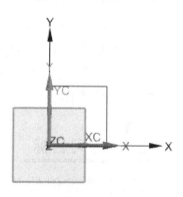

图 3-1-4

3. 绘制曲线

在【草图】工具条中单击（轮廓）命令按钮，系统弹出【轮廓】对话框，如图 3-1-5 所示。在对话框中单击（圆弧）按钮，按照如图 3-1-6 所示绘制圆弧 AB，然后继续在【轮廓】对话框中单击按钮绘制圆弧 BC，系统自动切换到（直线）按钮，鼠标向上移动绘制直线 CD，然后在【轮廓】对话框中单击按钮绘制圆弧 DE，绘制圆弧与直线时注意相邻元素的相切关系。

图 3-1-5

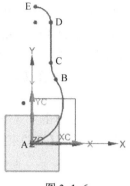

图 3-1-6

4．添加约束

（1）单击【曲线】带状工具条中 ⁸ （更多）库中的 （几何约束）命令按钮，弹出如图 3-1-7 所示对话框，在其中单击 ⊥ （点在曲线上）按钮，系统提示选择【要约束的对象】，在草图上选择 A 点，然后单击选择【要约束到的对象】，在草图上选择 Y 轴，如图 3-1-8 所示。

图 3-1-7

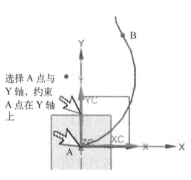

图 3-1-8

（2）继续添加约束，单击 ⊥ （点在曲线上）按钮，系统提示选择【要约束的对象】，在草图上选择 AB 圆弧的圆心，然后单击选择【要约束到的对象】，在草图上选择 Y 轴，如图 3-1-9 所示。

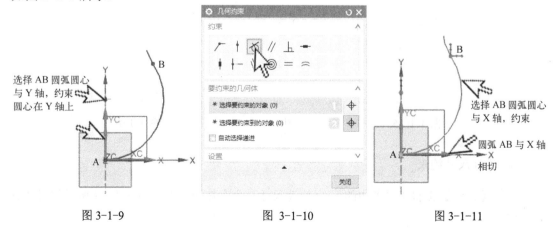

图 3-1-9　　　　　　　　图 3-1-10　　　　　　　　图 3-1-11

(3) 继续添加约束，单击 ♂（相切）按钮，系统提示选择【要约束的对象】，在草图上选择 AB 圆弧，然后单击选择【要约束到的对象】，在草图中选择 X 轴，如图 3-1-11 所示。

(4) 继续添加约束，单击 ♂（相切）按钮，系统提示选择【要约束的对象】，在草图上选择 BC 圆弧，然后单击选择【要约束到的对象】，在草图中选择 CD 直线，如图 3-1-12 所示。

(5) 继续添加约束，单击 ∥（平行）按钮，系统提示选择【要约束的对象】，在草图上选择直线 CD，然后单击选择【要约束到的对象】，在草图上选择 Y 轴，如图 3-1-14 所示。

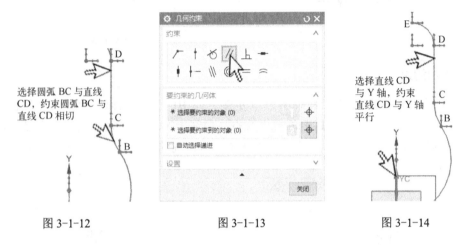

图 3-1-12　　　　　图 3-1-13　　　　　图 3-1-14

(6) 继续添加约束，单击 ↑（点在曲线上）按钮，系统提示选择【要约束的对象】，在草图上选择 DE 圆弧的圆心，然后单击选择【要约束到的对象】，在草图上选择 Y 轴，如图 3-1-15 所示。

(7) 继续添加约束，单击 ↑（点在曲线上）按钮，系统提示选择【要约束的对象】，在草图上选择 DE 圆弧的 E 端，然后单击选择【要约束到的对象】，在草图上选择 Y 轴，如图 3-1-16 所示，单击 关闭 按钮关闭对话框，约束完成后的结果如图 3-1-17 所示。

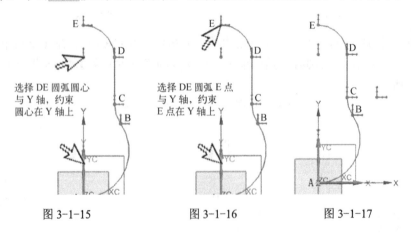

图 3-1-15　　　　　图 3-1-16　　　　　图 3-1-17

5. 添加尺寸约束

单击【曲线】带状工具条中的 （快速尺寸）命令按钮，按照图 3-1-18 所示的尺寸进行标注。

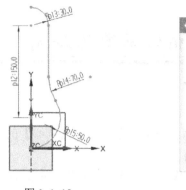
图 3-1-18

图 3-1-19

6. 镜像曲线

单击【曲线】带状工具条中的 ♣ (镜像曲线)命令按钮,系统弹出【镜像曲线】对话框,如图 3-1-19 所示。在图形中选择 Y 轴作为镜像的中心线,单击鼠标中键,然后选择三段圆弧与一条直线作为要镜像的曲线,如图 3-1-20 所示,单击 确定 按钮完成图形的镜像,结果如图 3-1-21 所示。

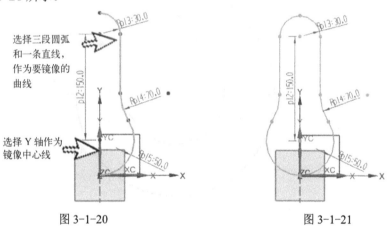

图 3-1-20　　　　　　　　　　　图 3-1-21

7. 完成草图

单击【曲线】带状工具条中的 ▨ (完成草图)按钮,窗口返回到建模空间,调整视图,单击【视图】带状工具条中 ▣ (正三轴测图)按钮,结果显示如图 3-1-22 所示。

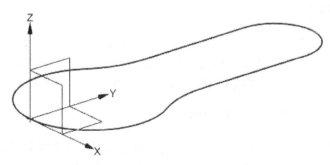

图 3-1-22

3.2 实例二 多圆弧相切草图的绘制

通过本实例能够学习到的新命令按钮：
（1）学习【曲线】带状工具条中的○【圆】命令。
（2）学习【曲线】带状工具条中的【几何约束】命令中的◎【同心】的约束方法。
（3）学习【曲线】带状工具条中的⌒【圆角】命令。
（4）学习【曲线】带状工具条中的【更多】库中的【显示草图约束】命令。
（5）学习【曲线】带状工具条中的【快速修剪】命令。

实例二图形如图 3-2-1 所示。

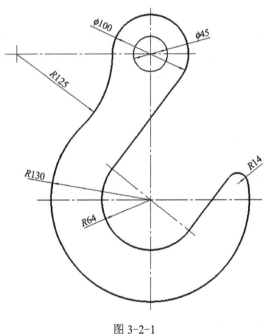

图 3-2-1

1. 创建新文件

建立以 T3-2.prt 为文件名，单位为毫米的模型文件。

2. 进入草图环境

单击【主页】带状工具条中的（草图）命令按钮，系统弹出【创建草图】对话框，如图 3-2-2 所示。选择 XC—YC 平面为草图平面，如图 3-2-3 所示。然后单击 确定 按钮，系统进入草图绘制区域，图形正视于 XC—YC 平面，如图 3-2-4 所示。

3. 绘制上半部圆弧并添加相应的约束

（1）单击【曲线】带状工具条中的○（圆）命令按钮，在【圆】对话框中单击选择⊙【圆心和直径定圆】的方法，如图 3-2-5 所示，在图形中绘制两个圆，如图 3-2-6 所示。

（2）单击【曲线】带状工具条中的（几何约束）命令按钮，弹出如图 3-2-7 所示对话框，在其中单击◎（同心）按钮，系统提示选择【要约束的对象】，在草图上选择其中一圆，然后单击选择【要约束到的对象】，在草图上选择另一圆，如图 3-2-8 所示。

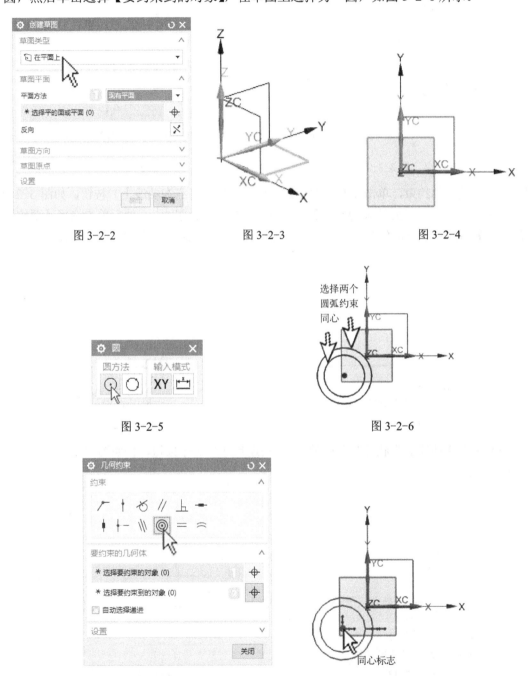

图 3-2-2　　　　　图 3-2-3　　　　　图 3-2-4

图 3-2-5　　　　　图 3-2-6

图 3-2-7　　　　　图 3-2-8

（3）继续进行约束，单击【几何约束】对话框中的（点在曲线上）按钮，弹出如图 3-2-9 所示对话框，系统提示选择【要约束的对象】，在草图上选择圆弧的圆心，然后单击选择【要约束到的对象】，在草图上选择 X 轴，如图 3-2-10 所示，约束的结果如图 3-2-11 所示。

图 3-2-9

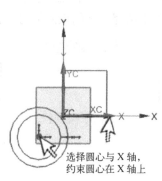

图 3-2-10

（4）继续添加约束，单击【几何约束】对话框中的 （点在曲线上）按钮，如图 3-2-9 所示，系统提示选择【要约束的对象】，在草图上选择圆弧的圆心，然后单击选择【要约束到的对象】，在草图上选择 Y 轴，如图 3-2-12 所示，约束的结果如图 3-2-13 所示。

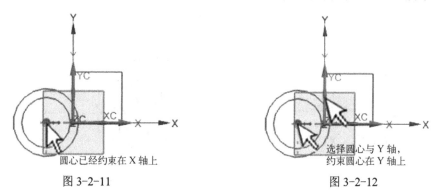

图 3-2-11　　　　　　　　　　　　　图 3-2-12

（5）单击【曲线】带状工具条中的 ⟵（快速尺寸）命令按钮，按照图 3-2-14 所示的尺寸进行标注。

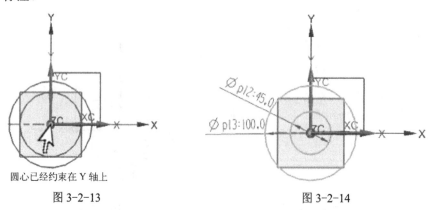

图 3-2-13　　　　　　　　　　　　　图 3-2-14

4．绘制下半部圆弧并添加相应的约束

（1）单击【曲线】带状工具条中的 ○（圆）命令按钮，在【圆】对话框中选择 ⊙【圆心和直径定圆】的方法，如图 3-2-5 所示，在图形中绘制两个圆，如图 3-2-15 所示。

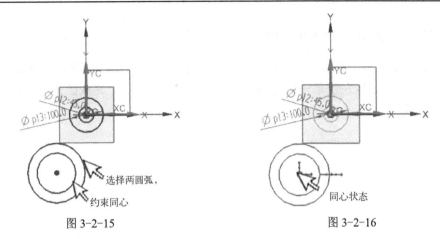

图 3-2-15　　　　　　　　　图 3-2-16

（2）单击【曲线】带状工具条中 (更多) 库中的 (几何约束) 命令按钮，弹出如图 3-2-7 所示对话框，单击 (同心) 按钮，系统提示选择【要约束的对象】，在草图上选择其中一圆，然后单击选择【要约束到的对象】，在草图上选择另一圆，如图 3-2-16 所示。

（3）继续进行约束，单击【几何约束】对话框中的 (点在曲线上) 按钮，弹出如图 3-2-9 所示对话框，系统提示选择【要约束的对象】，在草图上选择圆弧的圆心，然后单击选择【要约束到的对象】，在草图上选择 Y 轴，如图 3-2-17 所示，约束的结果如图 3-2-18 所示。

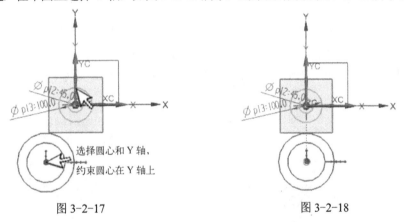

图 3-2-17　　　　　　　　　图 3-2-18

（4）单击【直接草图】工具条中的 (快速尺寸) 命令按钮，按照图 3-2-19 所示的尺寸进行标注。

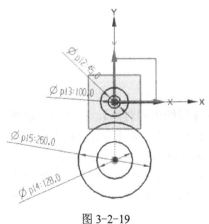

图 3-2-19

5. 创建圆角及绘制直线并进行约束

（1）单击【曲线】带状工具条中的 ⌐（圆角）命令按钮，分别选择 $\phi 260$ 圆弧与 $\phi 100$ 两个圆弧，鼠标左键单击确定圆角，如图 3-2-21 所示，完成圆角的创建，绘制结果如图 3-2-21 所示。

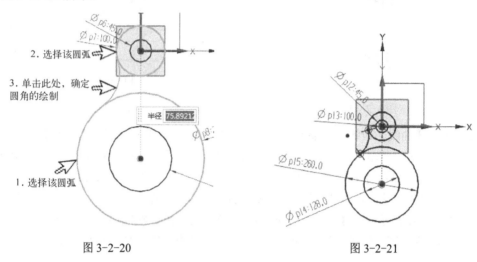

图 3-2-20　　　　　　　　　　　图 3-2-21

（2）单击【曲线】带状工具条中的 ╱（直线）命令按钮，将【上边框条】工具条中的 ╱（端点）捕捉打开，然后分别选择两个圆弧，按照图 3-2-22 所示绘制出一条两个圆弧的公切线，然后选择另外两个圆弧绘制出另一条直线，如图 3-2-23 所示。

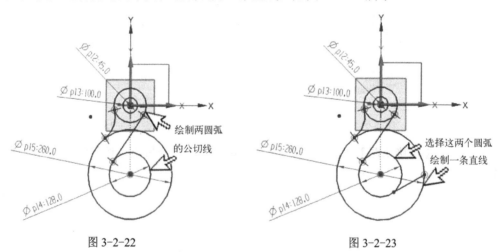

图 3-2-22　　　　　　　　　　　图 3-2-23

（3）单击【曲线】带状工具条中 ⋯（更多）库中的 ⊥（几何约束）命令按钮，单击 ⌒（相切）按钮，系统提示选择【要约束的对象】，在草图上选择直线，然后单击选择【要约束到的对象】，在草图中选择 $\phi 128$ 圆弧，如图 3-2-24 所示。结果如图 3-2-25 所示。

（4）在图形中分别单击选择两条直线，在草图的左上角弹出如图 3-2-26 所示的对话框，在其中单击 ∥（平行）按钮，约束两直线平行。单击【曲线】带状工具条中 ⋯（更多）工具条中的 ╱（显示草图约束）按钮观察约束结果，如图 3-2-27 所示。

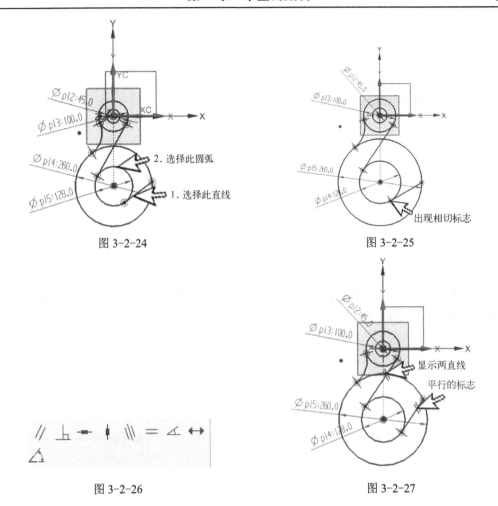

图 3-2-24　　　　　　　　　　　图 3-2-25

图 3-2-26　　　　　　　　　　　图 3-2-27

（5）单击【曲线】带状工具条中的⌐（圆角）图标，分别选择 ϕ260 圆弧与直线如图 3-2-28 所示，鼠标单击图 3-2-29 所示位置，完成圆角的创建，结果如图 3-2-29 所示。

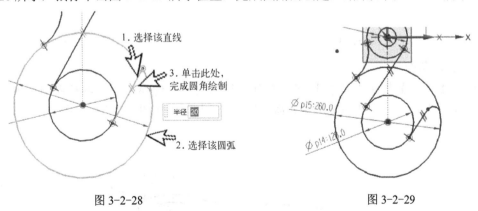

图 3-2-28　　　　　　　　　　　图 3-2-29

（6）单击【曲线】带状工具条中（更多）库中的（几何约束）命令按钮，单击（点在曲线上）按钮，系统提示选择【要约束的对象】，在草图上选择圆弧的圆心，然后单击选择【要约束到的对象】，在草图上选择 X 轴，如图 3-2-30 所示，约束的结果如图 3-2-31 所示。

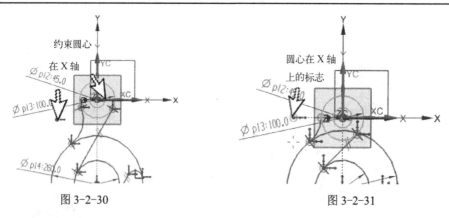

图 3-2-30　　　　　　　　　图 3-2-31

（7）单击【曲线】带状工具条中的 (快速尺寸) 命令按钮，按照图 3-2-32 所示对两个圆弧进行尺寸标注。

6. 修剪曲线

单击【曲线】带状工具条中的 (快速修剪) 命令按钮，根据图纸的要求修剪掉多余的曲线，修剪后的结果如图 3-2-33 所示。

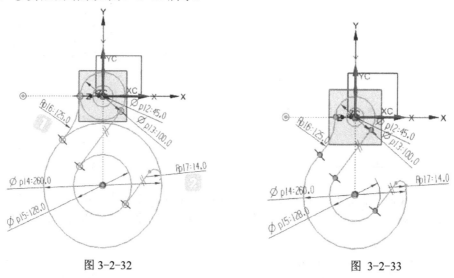

图 3-2-32　　　　　　　　　图 3-2-33

7. 完成草图

单击【主页】带状工具条中的 按钮，窗口返回到建模空间，调整视图，单击【视图】带状工具条中 (正三轴测图) 命令按钮，结果显示如图 3-2-34 所示。

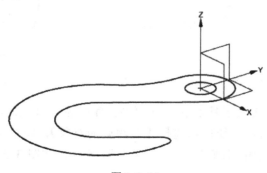

图 3-2-34

3.3 实例三 吊钩草图的绘制

通过本实例的练习能够学习到的命令按钮：
（1）学习【曲线】带状工具条中的 【圆弧】命令。
（2）学习【菜单】|【工具】|【草图约束】子菜单中的【转换至/自参考对象】命令。
实例三图形如图 3-3-1 所示。

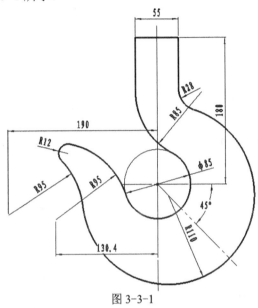

图 3-3-1

1. 创建新文件

建立以 T3-3.prt 为文件名，单位为毫米的模型文件。

2. 进入草图环境

单击【主页】带状工具条中的 （草图）命令按钮，系统弹出【创建草图】对话框，如图 3-3-2 所示。选择 XC—YC 平面为草图平面，如图 3-3-3 所示。然后单击 确定 按钮，系统进入草图绘制区域，图形正视于 XC—YC 平面，如图 3-3-4 所示。

 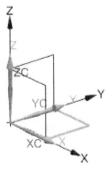 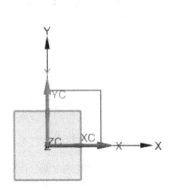

图 3-3-2　　　　　　　　图 3-3-3　　　　　　　　图 3-3-4

3. 绘制圆并添加相应的约束

（1）单击【曲线】带状工具条中的○（圆）命令按钮，在【圆】对话框中单击选择⊙【圆心和直径定圆】的方法，如图 3-3-5 所示，在图形中绘制一个圆，如图 3-3-6 所示。

（2）单击【曲线】带状工具条中 （更多）库中的 （几何约束）命令按钮，单击 （点在曲线上）按钮，系统提示选择【要约束的对象】，在草图上选择 DE 圆弧的 E 端，然后单击选择【要约束到的对象】在草图上选择 X 轴，如图 3-3-7 所示，约束完成后的结果如图 3-3-8 所示。

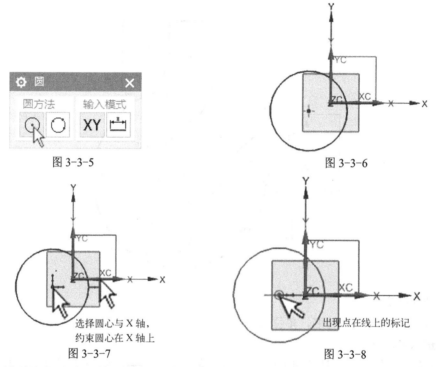

图 3-3-5　　　　　　　　　　图 3-3-6

图 3-3-7　　　　　　　　　　图 3-3-8

（3）继续添加约束，单击 （点在曲线上）按钮，系统提示选择【要约束的对象】，在草图上选择 DE 圆弧的 E 端，然后单击选择【要约束到的对象】，在草图上选择 X 轴，如图 3-3-9 所示，约束完成后的结果如图 3-3-10 所示。

（4）单击【曲线】带状工具条中的 （快速尺寸）命令按钮，按照图 3-3-11 所示的尺寸进行标注。

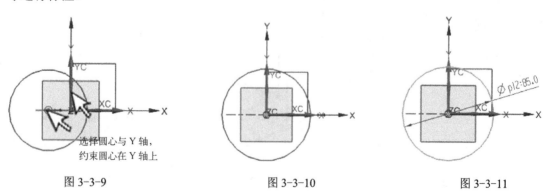

图 3-3-9　　　　　　图 3-3-10　　　　　　图 3-3-11

4. 绘制辅助直线并添加相应的约束

（1）单击【曲线】带状工具条中的╱（直线）命令按钮，在【上边框条】工具条中不选择任何捕捉端点图标，然后在草图中绘制出一条斜线，如图 3-3-12 所示。

（2）单击【曲线】带状工具条中 （更多）库中的 （几何约束）命令按钮，在其中单击 ┼（点在曲线上）按钮，系统提示选择【要约束的对象】，在草图上选择直线的端点，然后单击选择【要约束到的对象】，在草图上选择 Y 轴，如图 3-3-13 所示，约束完成后的结果如图 3-3-14 所示。

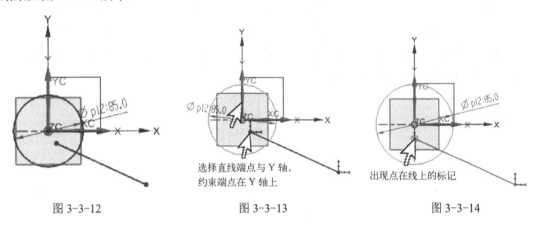

图 3-3-12　　　　　　　　　图 3-3-13　　　　　　　　　图 3-3-14

（3）继续进行约束，在其中单击 ┼（点在曲线上）按钮，系统提示选择【要约束的对象】，在草图上选择直线的端点，然后单击选择【要约束到的对象】，在草图上选择 Y 轴，如图 3-3-15 所示，约束完成后的结果如图 3-3-16 所示。

（4）单击【曲线】带状工具条中的 （快速尺寸）命令按钮，按照图 3-3-17 所示对所绘制的直线进行角度标注。

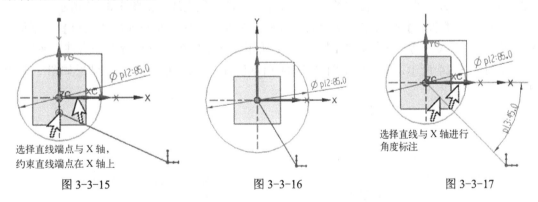

图 3-3-15　　　　　　　　　图 3-3-16　　　　　　　　　图 3-3-17

5. 绘制大圆并添加相应的约束

（1）单击【曲线】带状工具条中的○（圆）命令按钮，在【圆】对话框中单击⊙【圆心和直径定圆】的方法，在图形中绘制一个圆，如图 3-3-18 所示。

（2）单击【曲线】带状工具条中 （更多）库中的 （几何约束）命令按钮，单击 ┼（点在曲线上）按钮，系统提示选择【要约束的对象】，在草图上选择大圆圆心，然后单击选择【要约束到的对象】，在草图上选择辅助直线，如图 3-3-19 所示，约束完成后的结果如图 3-3-20 所示。

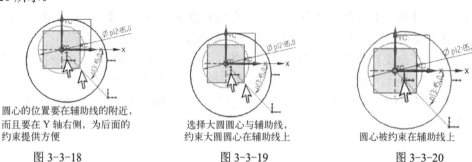

图 3-3-18　　　　　　　　图 3-3-19　　　　　　　　图 3-3-20

（3）单击【曲线】带状工具条中的 ![icon] （快速尺寸）命令按钮，按照图 3-3-21 所示对大圆的直径和圆心的定位尺寸进行标注。

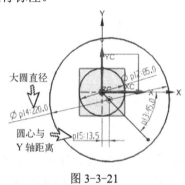

图 3-3-21

6. 绘制图形上半部分的直线与圆弧并添加相应的约束

（1）单击【曲线】带状工具条中的 ![icon] （直线）按钮，将【上边框条】工具条中的 ![icon] （端点）捕捉打开，然后在草图中绘制出与图纸相近的三段直线，如图 3-3-22 所示。

（2）单击【曲线】带状工具条中的 ![icon] （圆角）命令按钮，系统弹出【圆角】对话框，单击其中的 ![icon] （修剪）按钮，如图 3-3-23 所示。在草图中分别选择左侧直线与 φ85 圆弧，如图 3-3-24 所示，鼠标单击图 3-3-24 所示位置，完成圆角的创建，结果如图 3-3-25 所示。

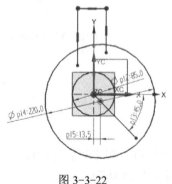

图 3-3-22

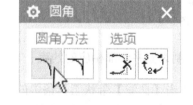

图 3-3-23

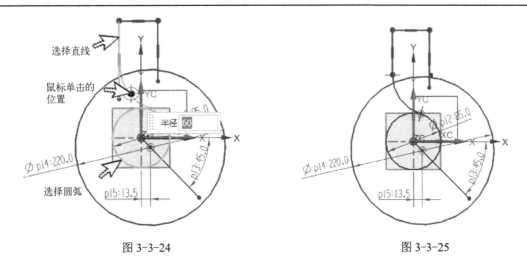

图 3-3-24　　　　　　　　　　　图 3-3-25

(3) 继续创建圆角，选择右侧直线与 $\phi 220$ 圆弧，如图 3-3-26 所示，鼠标单击图 3-3-26 所示位置，完成圆角的创建，结果如图 3-3-27 所示。

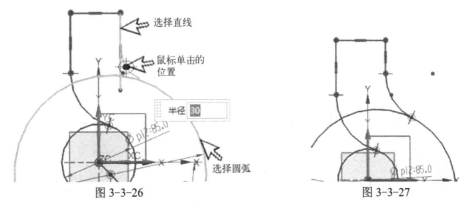

图 3-3-26　　　　　　　　　　　图 3-3-27

(4) 单击【曲线】带状工具条中的 　 (快速尺寸) 命令按钮，按照图 3-3-28 所示对所绘制的直线与圆角进行标注。

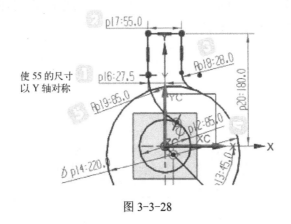

图 3-3-28

7．绘制两个 R95 的圆弧并添加相应的约束

(1) 单击【曲线】带状工具条中的 　 (圆弧) 命令按钮，将【上边框条】工具条中的 　 (曲线上的点) 捕捉打开，然后按照图 3-3-29 所示的分别选择 $\phi 85$ 圆弧与空间一点，绘

制出一个与ϕ85圆弧相切的圆弧，结果如图3-3-30所示。

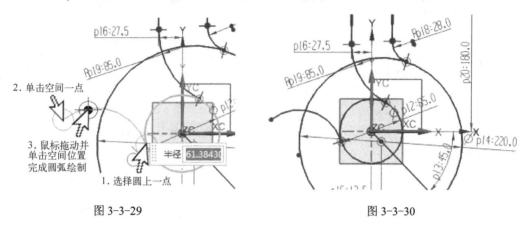

图 3-3-29　　　　　　　　　　　　　　图 3-3-30

（2）继续绘制圆弧，按照图 3-3-31 所示的分别选择ϕ220 圆弧与空间一点，绘制出一个与ϕ220 圆弧相切的圆弧，结果如图3-3-32所示。

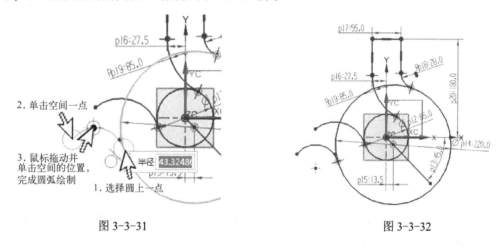

图 3-3-31　　　　　　　　　　　　　　图 3-3-32

（3）单击【曲线】带状工具条中的 （快速尺寸）命令按钮，按照图3-3-33所示对所绘制的圆弧及圆心定位尺寸进行标注。

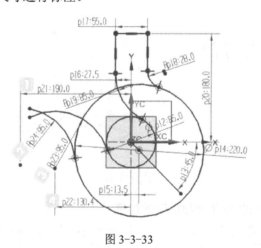

图 3-3-33

8. 绘制 R12 圆弧并进行尺寸标注

（1）单击【曲线】带状工具条中的 ⌐（圆角）命令按钮，系统弹出【创建圆角】对话框，选择其中的 ⌐（修剪）按钮，然后在草图中分别选择两个 $\phi 95$ 的圆弧，鼠标单击图 3-3-34 所示位置，完成圆角的创建，结果如图 3-3-35 所示。

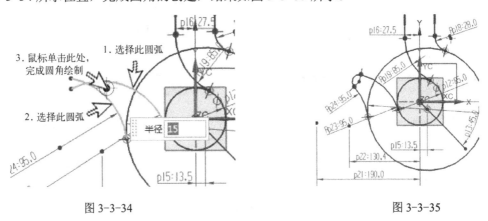

图 3-3-34   图 3-3-35

（2）单击【曲线】带状工具条中的 ⌐（快速尺寸）命令按钮，按照图 3-3-36 所示对所绘制的圆角进行标注。

9. 修剪曲线

单击【曲线】带状工具条中的 ⌐（快速修剪）命令按钮，根据图纸的要求修剪掉多余的曲线，修剪后的结果如图 3-3-37 所示。

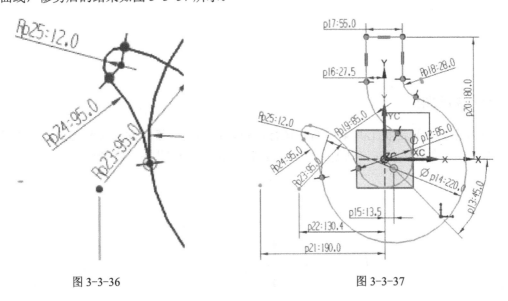

图 3-3-36   图 3-3-37

10. 转换参考曲线

单击 ⌐菜单(M)·【菜单】命令按钮中的【工具】|【草图约束】子菜单里的 ⌐（转换至/自参考

对象）命令按钮，如图 3-3-38 所示，系统弹出【转换至/自参考对象】对话框，如图 3-3-39 所示，在图形中选择 45 度辅助线，单击 确定 按钮完成转换，结果如图 3-3-40 所示。

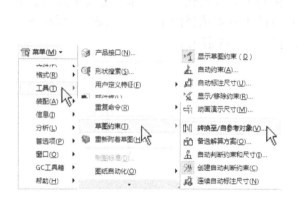

图 3-3-38

图 3-3-39

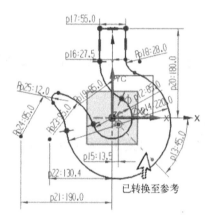

图 3-3-40

11. 完成草图

单击【主页】带状工具条中的 图标，窗口返回到建模空间，调整视图，单击【视图】带状工具条中 （正三轴测图）命令按钮，显示结果如图 3-3-41 所示。

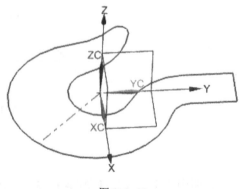

图 3-3-41

习 题

根据以下图纸绘制草图图形。（见图 3-1～图 2-8）

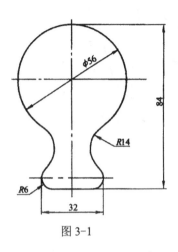

图 3-1

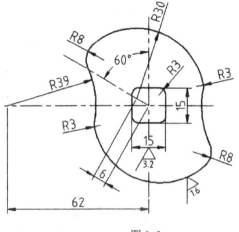

图 3-2

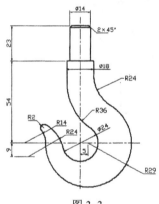

图 3-3

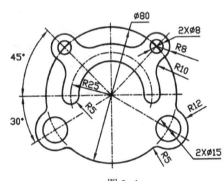

图 3-4

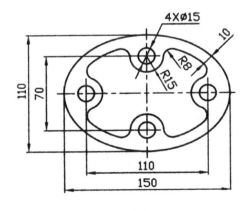

图 3-5

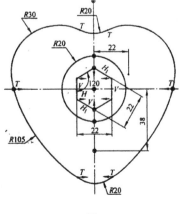

图 3-6

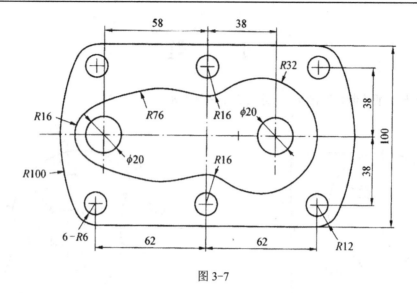

图 3-7

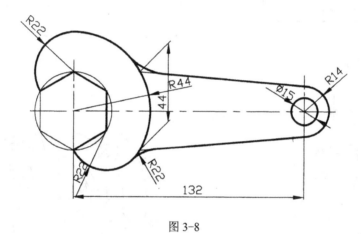

图 3-8

第4章

实体构图

 内容介绍

本章主要讲述实体的构建。

绘制的思路及步骤:

1. 分析图形的组成,利用二维曲线或草图的方法绘制出截面。
2. 利用拉伸、旋转等建模方法来构建主实体。
3. 在主实体上创建各种孔、键槽、腔、倒角、圆角等细节特征。

 学习目标

通过本章实例的练习,使读者能熟练掌握实体的创建方法,开拓创建思路并提高实体的创建基本技巧。

4.1 实例一 支撑连接板

通过本实例的练习能够学习到的命令按钮:
(1) 学习【曲线】带状工具条中的✚【修剪拐角】命令。
(2) 学习【主页】带状工具条中的🔲【拉伸】命令。
(3) 学习【主页】带状工具条中的🔲【边倒圆】命令。
(4) 学习【主页】带状工具条中的🔲【孔】命令中的【简单】孔的绘制。
(5) 学习【主页】带状工具条中🔲【键槽】命令中的【矩形键槽】的绘制。
实例一图形如图 4-1-1 所示。

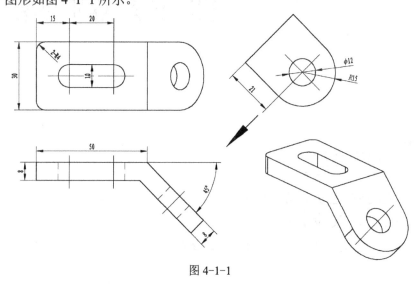

图 4-1-1

4.1.1 方法一:二维曲线绘制实体截面

1. 创建新文件

建立以 T4-1.prt 为文件名,单位为毫米的装配文件。

2. 显示 WCS、旋转 WCS 工作坐标系、隐藏 CSYS 基准坐标系

(1) 单击【上边框条】中的 🔲 菜单(M)▼命令按钮,系统出现下拉菜单如图 4-1-2 所示,选择【格式】下拉菜单里的【WCS】内的 ⌐ (显示 WCS) 命令条,如图 4-1-3 所示。

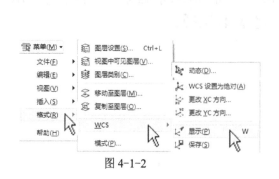

图 4-1-2

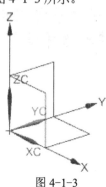

图 4-1-3

(2) 单击【上边框条】中的 菜单(M)·命令按钮，选择【格式】下拉菜单里的【WCS】内的 (旋转 WCS) 命令按钮，系统弹出【旋转 WCS 绕…】对话框，如图 4-1-4 所示。选择【+XC 轴 YC—ZC】单选框，在【角度】栏中输入【90】，单击 确定 按钮完成 WCS 角度的旋转，结果如图 4-1-5 所示。

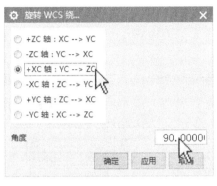
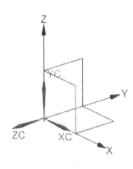

图 4-1-4　　　　　　　　　　　图 4-1-5

(3) 单击【视图】带状工具条中的 (隐藏) 命令按钮，系统弹出【类选择】对话框，选择绘图区域中的 CSYS 基准坐标系，如图 4-1-6 所示。然后单击 确定 按钮完隐藏命令并关闭【类选择】对话框，结果如图 4-1-7 所示。

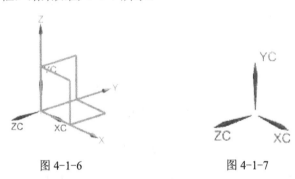

图 4-1-6　　　　　　　　　　　图 4-1-7

3. 绘制截面图形

(1) 单击【视图】带状工具条中的 (前视图) 按钮，图形中的坐标显示已经进行转换，如 4-1-8 所示。

(2) 取消跟踪条中跟踪光标的位置作用。如果在绘制基本曲线时此项功能已经设定完毕，可以跳过此步。选择【所有首选项】菜单中的【用户界面】命令，弹出【用户界面首选项】对话框，在左侧选择【选项】选项卡，然后取消【跟踪光标位置】选项，如图 4-1-9 所示。单击 确定 按钮完成取消跟踪设置。

(3) 单击【曲线】带状工具条中的 (基本曲线) 命令按钮，系统弹出【基本曲线】对话框，单击 (直线) 按钮，如图 4-1-10 所示。在与【基本曲线】对话框同时打开的【跟踪条】对话框中的【XC】、【YC】、【ZC】栏内输入【0】、【0】、【0】，如图 4-1-11 所示，按回车键确认直线的起点。然后继续在【XC】、【YC】、【ZC】栏内输入【50】、【0】、【0】，如图 4-1-12 所示，接着按回车键确认直线的终点，绘制直线的结果如图 4-1-13 所示。

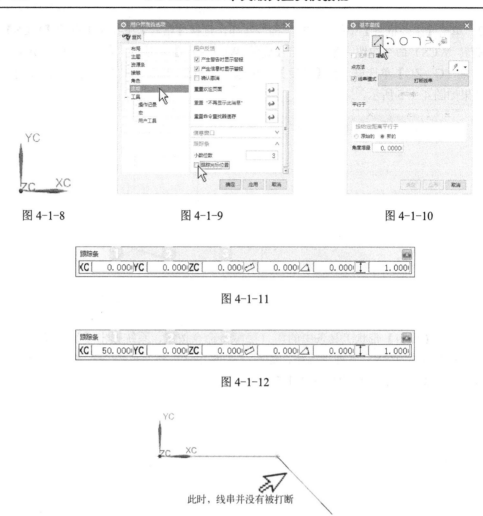

图 4-1-8　　　　　　　　图 4-1-9　　　　　　　　图 4-1-10

图 4-1-11

图 4-1-12

图 4-1-13

（4）继续绘制直线，此时上一条直线的终点就是当前直线的起点。在【跟踪框】中的【长度】、【角度】栏中分别输入【36】、【-45】，如图 4-1-14 所示，然后按回车键绘制出一条与 X 轴夹角为-45 度、长度为 36mm 的斜线。单击鼠标中键打断线串，单击【基本曲线】对话框中的 取消 按钮，关闭【基本曲线】对话框，绘制结果如图 4-1-15 所示。

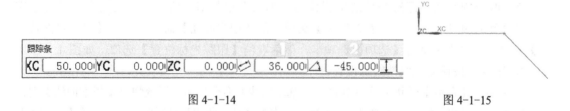

图 4-1-14　　　　　　　　　　　　　　　图 4-1-15

（5）单击【曲线】带状工具条中的（偏置曲线）命令按钮，系统弹出【偏置曲线】对话框。在【类型】下拉复选框中选择默认的【距离】选项，如图 4-1-16 所示。根据提示选择如图 4-1-17 所示要偏置的曲线，鼠标单击中键确认选择，在图中选择如图 4-1-18 所示的点，出现偏置的方向箭头。

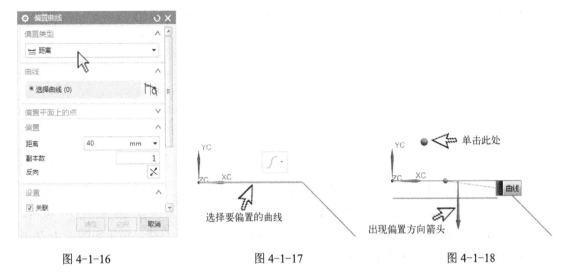

图 4-1-16　　　　　　　图 4-1-17　　　　　　　图 4-1-18

将【偏置】选项卡内的【距离】栏内输入【8】并按照图 4-1-19 所示设置好选项卡的各内容，单击 应用 按钮完成第一条曲线的偏置，结果如图 4-1-20 所示。

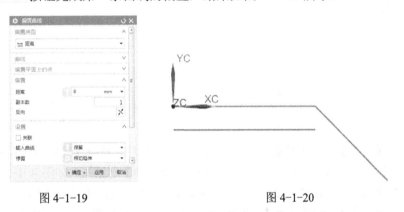

图 4-1-19　　　　　　　　　　　　图 4-1-20

单击【偏置曲线】对话框中的 ↻（重置）按钮，重新进行曲线的选择，如图 4-1-21 所示。根据提示选择如图 4-1-22 所示要偏置的曲线，鼠标单击中键确认选择，在图中选择如图 4-1-23 所示的点，出现偏置的方向箭头。

 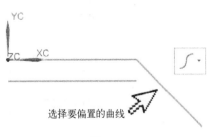

图 4-1-21　　　　　　　　　　　　图 4-1-22

将【偏置】选项卡内的【距离】栏内仍然输入【8】并按照图 4-1-19 所示设置好选项卡的各内容，单击 确定 按钮完成第二条曲线的偏置，如图 4-1-24 所示。

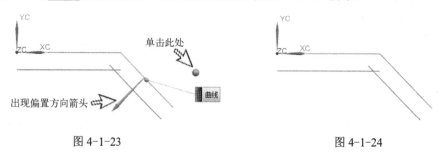

图 4-1-23　　　　　　　　　　　　　　图 4-1-24

（6）单击【曲线】带状工具条中的 （基本曲线）命令按钮，系统弹出【基本曲线】对话框。单击 （直线）按钮，【点方法】下拉复选框选择默认的 （自动判断的点）按钮，按照图 4-1-25 所示的点将图形左右两侧的 4 个端点连接成 2 条直线，结果如图 4-1-26 所示，单击 取消 按钮关闭【基本曲线】对话框。

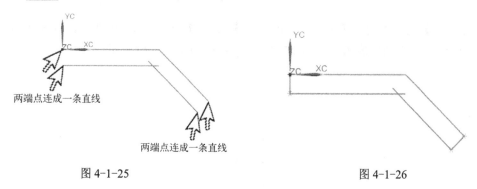

图 4-1-25　　　　　　　　　　　　　　图 4-1-26

（7）单击【曲线】带状工具条中的 （更多）命令按钮，选择【编辑曲线】里的 （修剪拐角）命令按钮，如图 4-1-27 所示，系统弹出【修剪拐角】对话框，如图 4-1-28 所示。将鼠标移动到要去除的位置如图 4-1-29 所示，一定要保证此点在光标选择半径内，单击鼠标左键修剪完毕，然后单击【关闭修剪拐角】按钮结束命令，修剪结果如图 4-1-30 所示。

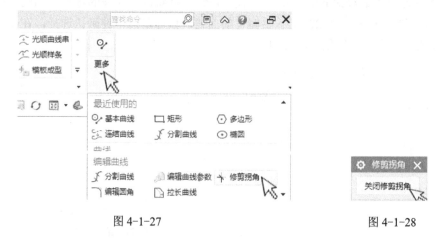

图 4-1-27　　　　　　　　　　　　　　图 4-1-28

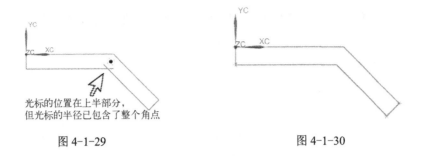

图 4-1-29　　　　　　　　　图 4-1-30

4．拉伸实体

（1）单击【视图】带状工具条中的 按钮，图形中的坐标显示已经进行转换。如图 4-1-31 所示。

（2）单击【主页】带状工具条中的 命令按钮，系统弹出【拉伸】对话框，如图 4-1-32 所示。此时在【选择条】工具条中出现如图 4-1-33 所示的选择方式，在下拉复选框中选择【相连曲线】，并按照图 4-1-34 所示选择图中的曲线。当选择的位置不同可能导致拉伸的方向也有所不同，此时可以通过单击按钮进行调整。在【距离】栏内输入【30】，单击 确定 按钮完成实体的拉伸，结果如图 4-1-35 所示。

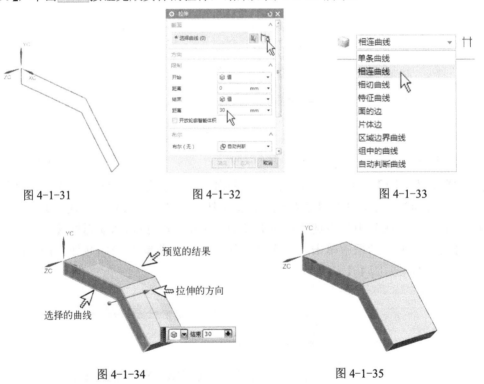

图 4-1-31　　　　　　　图 4-1-32　　　　　　　图 4-1-33

图 4-1-34　　　　　　　　　图 4-1-35

5．对实体进行边倒圆

（1）单击【主页】带状工具条中的 命令按钮，系统弹出【边倒圆】对话框，如图 4-1-36 所示。选择如图 4-1-37 所示的两条棱边，在【形状】下拉复选框中选择

【圆形】，在【半径】栏内输入【15】，单击 应用 按钮完成第一次边倒角的绘制，结果如图 4-1-38 所示。

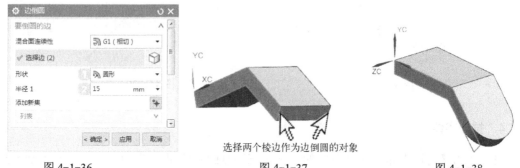

图 4-1-36　　　　　　　　图 4-1-37　　　　　　　　图 4-1-38

（2）继续进行边倒圆命令。单击【视图】带状工具条中的 （静态线框）按钮，实体的显示模式发生改变，结果如图 4-1-39 所示。单击【主页】带状工具条中的 （边倒圆）命令按钮，继续选择棱边进行操作。按照图 4-1-40 所示选择两个棱边作为边倒圆的对象，在【形状】下拉复选框中选择【圆形】，在【半径】栏内输入【4】，单击 确定 按钮完成第二次边倒角的绘制，结果如图 4-1-41 所示。

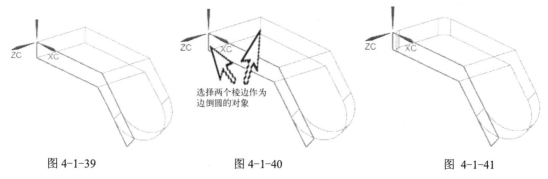

图 4-1-39　　　　　　　　图 4-1-40　　　　　　　　图 4-1-41

（3）单击【视图】带状工具条中的 （隐藏）命令按钮，系统弹出【类选择】对话框，如图 4-1-42 所示，单击【类型过滤器】按钮，系统弹出【按类型选择】对话框，如图 4-1-43 所示。在其中只点选【曲线】类型，单击 确定 按钮系统返回【类选择】对话框。在【类选择】对话框中单击 （全选）按钮，紧接着单击 确定 按钮，图中的所有曲线就被隐藏，结果如图 4-1-44 所示。

 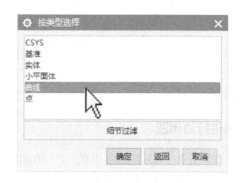

图 4-1-42　　　　　　　　　　　　图 4-1-43

单击【视图】带状工具条中的 ◎（带边着色）按钮，实体的显示模式发生的改变，结果如图 4-1-45 所示。

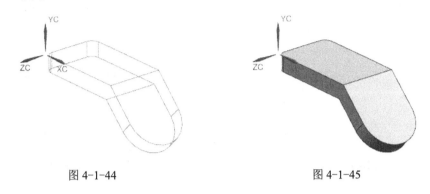

图 4-1-44　　　　　　　　　　图 4-1-45

6. 打孔

单击【主页】带状工具条中的 ◎（孔）命令按钮，系统弹出【孔】对话框，如图 4-1-46 所示。在【类型】下拉复选框中选择默认的【常规孔】选项，【孔方向】下拉复选框中选择默认的【垂直于面】选项，在【直径】栏中输入【12】并在【深度限制】下拉复选框中选择【贯通体】选项。此时将【上边框条】带状工具条中的 ◉（圆弧中心）捕捉开启，选择如图 4-1-47 所示的圆心，单击 确定 按钮完成 ϕ12mm 通孔的绘制，结果如图 4-1-48 所示。

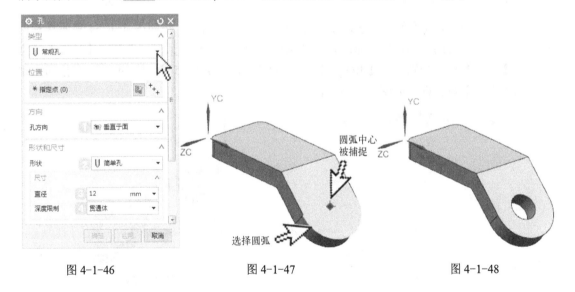

图 4-1-46　　　　　　图 4-1-47　　　　　　图 4-1-48

7. 绘制键槽

（1）单击【主页】带状工具条中【特征】模块里的 ◎（更多）命令按钮，选择【设计特征】下的 ◎（键槽）命令按钮，如图 4-1-49 所示。系统弹出【键槽】对话框，如图 4-1-50 所示。然后单击【矩形】复选框（如果默认是矩形复选框可直接单击 确定 按钮）系统进入【矩形键槽】对话框，如图 4-1-51 所示。选择如图 4-1-52 所示的上表面作为放置平面。

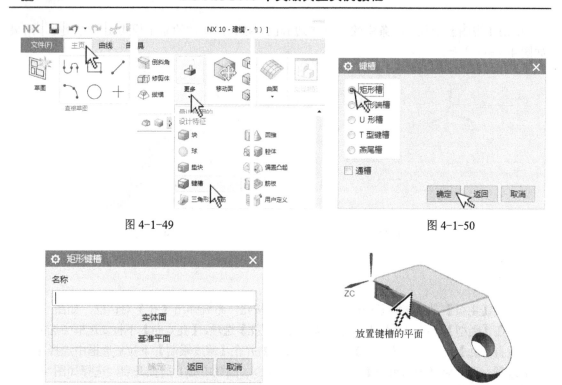

图 4-1-49   图 4-1-50

图 4-1-51   图 4-1-52

（2）此时系统弹出【水平参考】对话框，如图 4-1-53 所示。按照图 4-1-54 所示选择此棱边作为水平参考的方向，然后系统弹出【矩形键槽】的二级对话框，在其中【长度】、【宽度】和【深度】栏中分别输入【30】、【10】和【8】，如图 4-1-55 所示，单击 <u>确定</u> 按钮，系统弹出【定位】对话框，如图 4-1-56 所示。

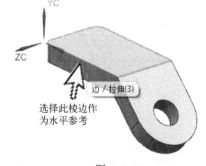

图 4-1-53   图 4-1-54

图 4-1-55   图 4-1-56

（3）单击【定位】对话框中的 ⟲（垂直）按钮，系统紧接着弹出【垂直的】对话框，如图 4-1-57 所示，选择图 4-1-58 所示的边缘作为目标边/基准，再单击图 4-1-59 所示的圆弧，系统弹出【设置圆弧的位置】对话框，如图 4-1-60 所示。

图 4-1-57

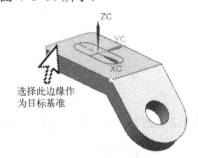

图 4-1-58

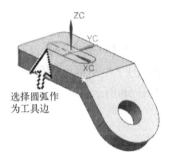

图 4-1-59

图 4-1-60

（4）在【设置圆弧的位置】对话框中单击【圆弧中心】按钮，系统弹出【创建表达式】对话框，在【数值】栏内输入【15】，如图 4-1-61 所示，单击 确定 按钮系统返回【定位】对话框，如图 4-1-56 所示。单击【定位】对话框中的 ⟲（垂直）按钮，系统紧接着弹出【垂直的】对话框，如图 4-1-57 所示。选择图 4-1-62 所示的边缘作为目标边/基准，再单击图 4-1-63 所示的中心线，系统弹出【创建表达式】对话框，【数值】栏内输入【15】，如图 4-1-61 所示，单击 确定 按钮系统返回【定位】对话框，如图 4-1-56 所示，单击【定位】对话框中的 确定 按钮完成键槽的绘制，系统返回到【矩形键槽】对话框，如图 4-1-64 所示，单击 取消 按钮结束【键槽】命令，绘制的结果如图 4-1-65 所示。

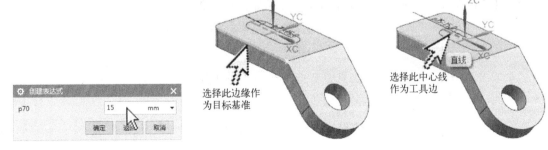

图 4-1-61　　　　　　　图 4-1-62　　　　　　　图 4-1-63

图 4-1-64

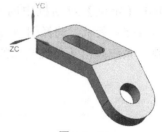
图 4-1-65

4.1.2 方法二：草图绘制实体截面

1. 创建新文件
与方法一完全相同。

2. 进入草图环境

单击【主页】带状工具条中的 (草图) 命令按钮，系统弹出【创建草图】对话框，如图 4-1-66 所示。如图 4-1-67 所示单击选择 CSYS 基准坐标系的 ZX 平面。然后单击 确定 按钮，系统进入草图绘制区域，图形正视于 ZX 平面，如图 4-1-68 所示。

图 4-1-66

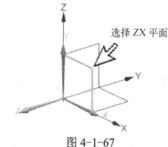
图 4-1-67

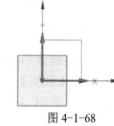
图 4-1-68

3. 绘制截面曲线

（1）在【主页】带状工具条中单击 (直线) 命令按钮，在图形中绘制一段水平线段，如图 4-1-69 所示。

（2）单击【主页】带状工具条中【直接草图】模块里 更多 (更多) 库中的 (几何约束) 命令按钮，系统弹出【几何约束】对话框，如图 4-1-70 所示，在其中单击 (点在曲线上) 按钮，再在图形中先选择水平的直线的端点并单击中键确认，再选择 Z 轴，如图 4-1-71 所示，约束端点在 Z 轴上，结果如图 4-1-72 所示。

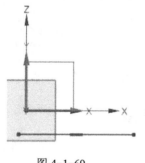
图 4-1-69

图 4-1-70

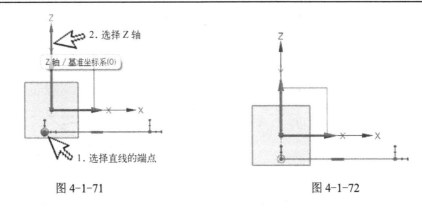

图 4-1-71　　　　　　　　　　图 4-1-72

（3）继续进行约束，选择【几何约束】对话框中的 \\\\（共线）按钮，先选择水平直线并单击中键确认，再选择 X 轴，约束直线与 X 轴在一条直线上，结果如图 4-1-73 所示。

（4）在【主页】带状工具条中单击 ∕（直线）按钮，以前一条直线的右端点为起点，在图形中绘制一条带角度的线段，如图 4-1-74 所示。

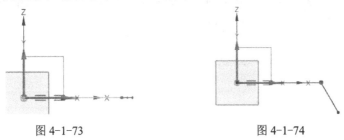

图 4-1-73　　　　　　　　　　图 4-1-74

（5）单击【主页】带状工具条中的 （快速尺寸）命令按钮，按照图 4-1-75 所示的尺寸进行标注。

（6）在【主页】带状工具条中单击 ∕（直线）命令按钮，以前一条直线的端点为起点，在图形中绘制一条带角度的线段，并自动添加了垂直的约束关系，如图 4-1-76 所示。

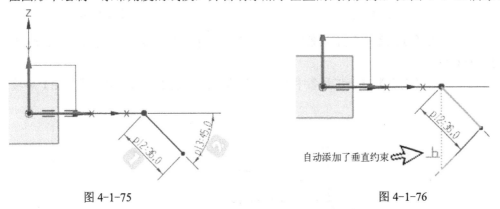

图 4-1-75　　　　　　　　　　图 4-1-76

（7）单击【主页】带状工具条中的 （快速尺寸）命令按钮，按照图 4-1-77 所示的尺寸进行标。

（8）在【主页】带状工具条中单击 ∕（直线）命令按钮，以前一条直线的端点为起点，在图形中绘制一条带角度的线段，并自动添加了平行的约束关系，如图 4-1-78 所示。

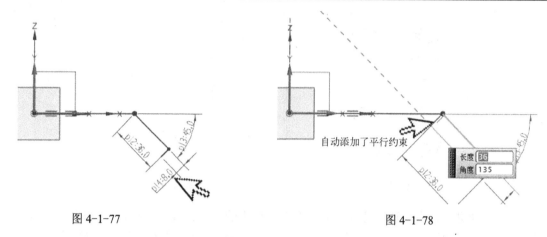

图 4-1-77　　　　　　　　　　　　　　图 4-1-78

（9）在【主页】带状工具条中单击 ╱（直线）命令按钮，将图形封闭起来，绘制结果如图 4-1-79 所示。

（10）选择【主页】带状工具条中的（快速修剪）命令按钮，根据图纸的要求修剪掉多余的曲线，修剪后的结果如图 4-1-80 所示。

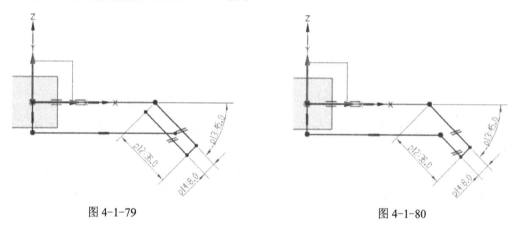

图 4-1-79　　　　　　　　　　　　　　图 4-1-80

（11）单击【视图】带状工具条中的（快速尺寸）命令按钮，按照图 4-1-81 所示的尺寸进行标注。

（12）单击【主页】带状工具条中的（完成草图）按钮，系统退出【草图】环境。

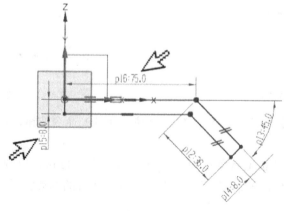

图 4-1-81

步骤 4～7 与方法一中相应步骤相同。

4.2 实例二 基座

通过本实例的练习能够学习到的命令按钮：

(1) 学习【主页】带状工具条中 【拉伸】命令中的对称拉伸和 【在相交处停止】的方法。

(2) 学习【主页】带状工具条中的 【圆柱】命令。

(3) 学习【主页】带状工具条中的 【孔】命令中的绘制沉头孔的方法。

(4) 学习【主页】带状工具条中 【镜像面】的绘制方法。

实例二图形如图 4-2-1 所示。

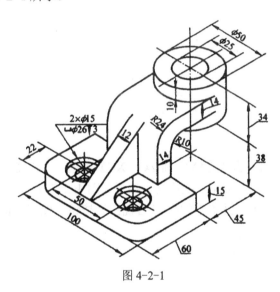

图 4-2-1

4.2.1 方法一：二维曲线绘制实体截面

1．创建新文件

建立以 T4-2.prt 为文件名，单位为毫米的模型文件。

2．隐藏 CSYS 基准坐标系、旋转 WCS 工作坐标系

(1) 单击【上边框条】中的 菜单(M)·命令按钮，系统出现下拉菜单如图 4-1-2 所示，选择【格式】下拉菜单里的【WCS】内的 （显示 WCS）命令条，如图 4-1-3 所示。

(2) 单击【视图】带状工具条中的 （隐藏）命令按钮，系统弹出【类选择】对话框，单击选择绘图区域中的 CSYS 基准坐标系，如图 4-2-2 所示。然后单击 确定 按钮完隐藏命令并关闭【类选择】对话框，结果如图 4-2-3 所示。

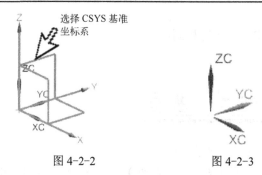

图 4-2-2　　　　　　　　　图 4-2-3

（3）单击【上边框条】中的 菜单(M)·命令按钮，系统出现下拉菜单如图 2-1-21 所示，选择【格式】下拉菜单里的【WCS】内的 （旋转 WCS）命令按钮，系统弹出【旋转 WCS 绕...】对话框，如图 4-2-4 所示。选择【+XC 轴 YC—ZC】单选框，在【角度】栏中输入【90】，单击 应用 按钮完成 WCS 角度的第一次旋转，结果如图 4-2-5 所示。

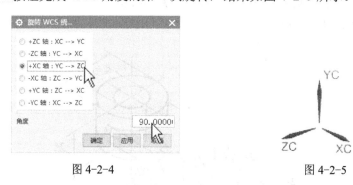

图 4-2-4　　　　　　　　　图 4-2-5

（4）如图 4-2-6 所示，选择【+YC 轴 ZC—XC】单选框，在【角度】栏中输入【90】，单击 确定 按钮完成 WCS 角度的第二次旋转，结果如图 4-2-7 所示。

（5）单击【视图】带状工具条中的 （右视图）按钮，图形中的坐标显示已经进行转换，如图 4-2-8 所示。

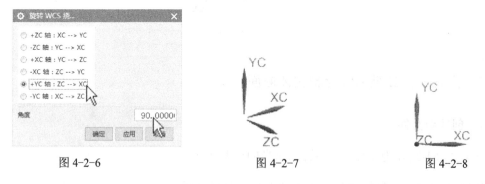

图 4-2-6　　　　　　　　图 4-2-7　　　　　　　　图 4-2-8

3. 绘制截面图形

（1）选择【曲线】带状工具条中 更多 （更多）库中的 （矩形）命令按钮，系统弹出【点】对话框，如图 4-2-9 所示，用以定义矩形的顶点 1。在对话框中单击 （重置）按钮，然后单击 确定 按钮，系统提示用以定义矩形的顶点 2。在【点】对话框的【XC】、【YC】、【ZC】栏中分别输入【0】、【-60】、【-15】，如图 4-2-10 所示，然后单击 确定 按钮完成矩形的绘制，并单击 取消 按钮退出【点】对话框，结果如图 4-2-11 所示。

第4章 实体构图

图 4-2-9

图 4-2-10

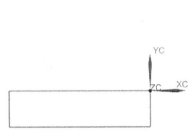
图 4-2-11

（2）取消跟踪条中跟踪光标的位置作用。如果在绘制基本曲线时此项功能已经设定完毕，可以跳过此步。选择【所有首选项】菜单中的【用户界面】命令，弹出【用户界面首选项】对话框，在左侧选择【选项】选项卡，然后取消【跟踪光标位置】选项，如图 4-2-12 所示。单击 确定 按钮，完成取消跟踪设置。

（3）单击【曲线】带状工具条中的 （基本曲线）命令按钮，系统弹出【基本曲线】对话框。单击 （直线）按钮，如图 4-2-13 所示，选择如图 4-2-14 所示的端点，然后单击【基本曲线】对话框中的【平行于】选项的【YC】按钮，如图 4-2-15 所示，紧接着在【跟踪条】的 【长度】栏内输入【33】，如图 4-2-16 所示，将鼠标移动至图形上方如图 4-2-17 所示位置，按回车键确认，绘制一条长度为33mm与Y轴重合的直线，结果如图 4-2-18 所示。

图 4-2-12

图 4-2-13

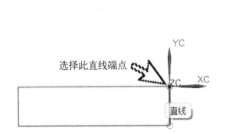
图 4-2-14

图 4-2-15

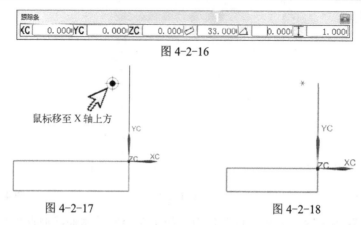

图 4-2-16

图 4-2-17　　　　　　　　图 4-2-18

（4）此时，线串模式并没有取消，下一条直线的起点就是上一条直线的终点。如果在绘图时将线串模式取消可以重新捕捉前一直线的终点作为本直线的起点。此时单击【基本曲线】对话框中的【平行于】选项的【XC】按钮，如图 4-2-19 所示，紧接着在【跟踪条】的【长度】栏内输入【45】，如图 4-2-20 所示。将鼠标移动至图形右方如图 4-2-21 所示位置，按回车键确认，绘制一条长度为 45mm 与 X 轴平行的直线，结果如图 4-2-22 所示。

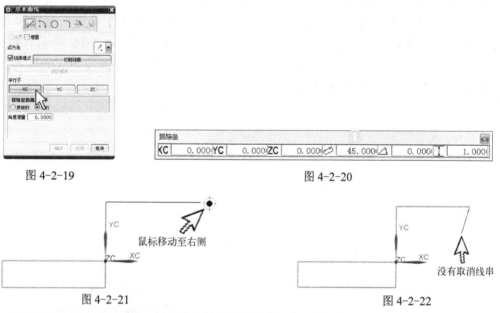

图 4-2-19　　　　　　　　图 4-2-20

图 4-2-21　　　　　　　　图 4-2-22

（5）单击【基本曲线】对话框中的【平行于】选项的【YC】按钮，紧接着在【跟踪条】的【长度】栏内输入【14】，如图 4-2-23 所示。将鼠标移动至图形上方位置，按回车键确认，绘制一条长度为 14mm 与 Y 轴平行的直线，结果如图 4-2-24 所示。

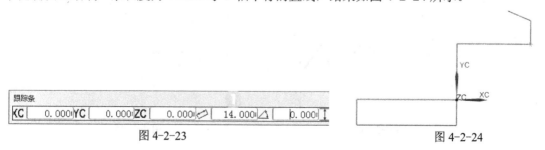

图 4-2-23　　　　　　　　图 4-2-24

(6) 单击【基本曲线】对话框中的【平行于】选项的【XC】按钮,紧接着在【跟踪条】的 ⟋【长度】栏内输入【59】4-2-25 所示。将鼠标移动至图形左侧位置,按回车键确认,绘制一条长度为 59mm 与 X 轴平行的直线,结果如图 4-2-26 所示。

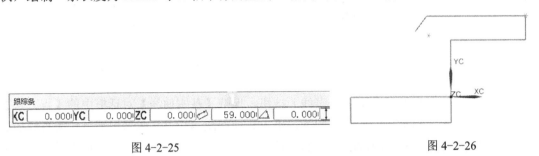

图 4-2-25　　　　　　　　　　　　　　图 4-2-26

(7) 单击【基本曲线】对话框中的【平行于】选项的【YC】按钮,紧接着在【跟踪条】的 ⟋【长度】栏内输入【47】,如图 4-2-27 所示。将鼠标移动至图形下方位置,按回车键确认,绘制一条长度为 47mm 与 Y 轴平行的直线,单击鼠标中键打断线串,结果如图 4-2-28 所示。

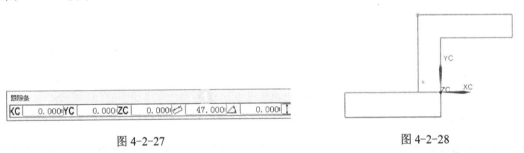

图 4-2-27　　　　　　　　　　　　　　图 4-2-28

(8) 单击【基本曲线】对话框中的 ⌐(圆角)按钮,系统弹出【曲线倒圆】对话框,如图 4-2-29 所示。在对话框中选择第二种曲线圆角的方法,并在【半径】栏内输入【24】,按照图 4-2-30 所示分别选择【第一对象】、【第二对象】及指定【圆角中心位置】,完成半径为 24mm 圆角的绘制,结果如图 4-2-31 所示。

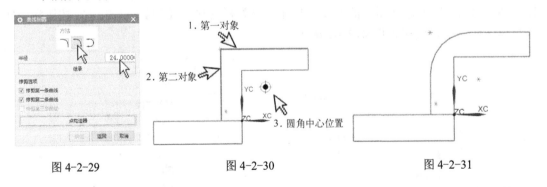

图 4-2-29　　　　　图 4-2-30　　　　　图 4-2-31

(9) 在【半径】栏内输入【10】,按照图 4-2-32 所示分别选择【第一对象】、【第二对象】及指定【圆角中心位置】,完成半径为 10mm 圆角的绘制,单击 返回 按钮返回【基本曲线】对话框,结果如图 4-2-33 所示。

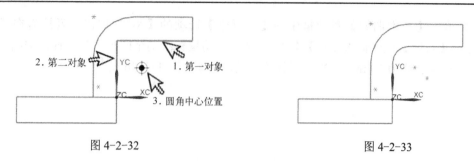

图 4-2-32　　　　　　　　　　　图 4-2-33

（10）继续绘制直线。单击／（直线）按钮，保持【基本曲线】对话框中的【点方法】下拉复选框为（自动判断的点）图标，单击选择如图 4-2-34 所示的端点作为直线的起点，单击选择图 4-2-35 所示的点作为直线的终点，单击 取消 按钮，结束直线的绘制并关闭【基本曲线】对话框，绘制的结果如图 4-2-36 所示。

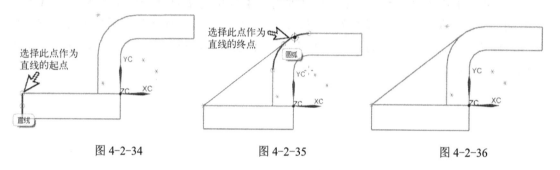

图 4-2-34　　　　　　图 4-2-35　　　　　　图 4-2-36

4．拉伸实体

（1）单击【视图】带状工具条中的（正三轴测图）按钮，图形中的坐标显示已经进行转换，如 4-2-37 所示。

（2）单击【主页】带状工具条中的（拉伸）命令按钮，系统弹出【拉伸】对话框，并将【开始】下拉复选框选择为【对称值】，显示结果如图 4-2-38 所示。同时在【上边框条】中出现如图 4-2-39 所示的选择方式，在下拉复选框中选择【单条曲线】，并按照图 4-2-40 所示选择图中的曲线。将【距离】栏内输入【50】，单击 应用 按钮完成实体的第一次拉伸，结果如图 4-2-41 所示。

图 4-2-37　　　　　　图 4-2-38　　　　　　图 4-2-39

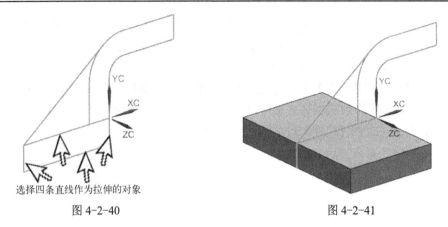

图 4-2-40　　　　　　　　　　　　　图 4-2-41

（3）保持【拉伸】对话框中的【开始】下拉复选框为【对称值】，同时在【上边框条】中曲线规则下拉复选框中保持【单条曲线】选项不变，将【上边框条】中的⊞（在相交处停止）按钮按下，如图 4-2-42 所示。接下来按照图 4-2-43 所示选择图中的曲线，注意在有交点的地方需要以交点为界多次选择该线段、圆弧。将【距离】栏内输入【25】，将【布尔】下拉复选框选择为【求和】，如图 4-2-44 所示，系统自动捕捉到唯一一个可以与其相就和的实体并采用高亮度显示，如图 4-2-45 所示。单击 应用 按钮完成实体的第二次拉伸，结果如图 4-2-46 所示。

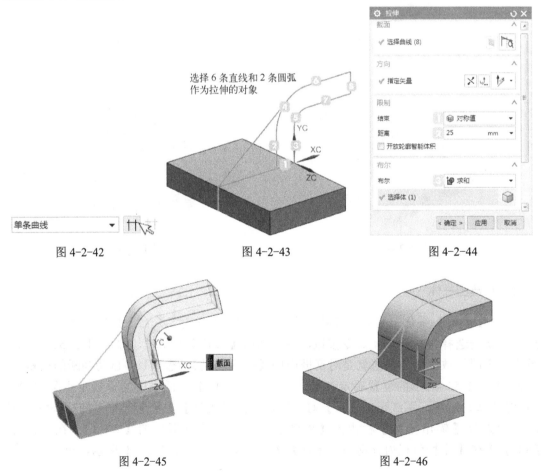

图 4-2-42　　　　　　　　图 4-2-43　　　　　　　　图 4-2-44

图 4-2-45　　　　　　　　　　　　　图 4-2-46

（4）继续保持【拉伸】对话框中的【开始】下拉复选框为【对称值】，同时在【上边框条】中曲线规则下拉复选框中保持【单条曲线】选项不变，将【选择条】工具条中的⊞（在相交处停止）按钮按下，如图4-2-42所示。接下来按照图4-2-47所示选择图中的曲线。此时将【距离】栏内输入【6】，将【布尔】下拉复选框选择为【求和】，如图4-2-48所示，系统自动捕捉到唯一一个可以与其相就和的实体并采用高亮度显示，如图4-2-49所示。单击 确定 按钮完成实体的第三次拉伸并关闭【拉伸】对话框，结果如图4-2-50所示。

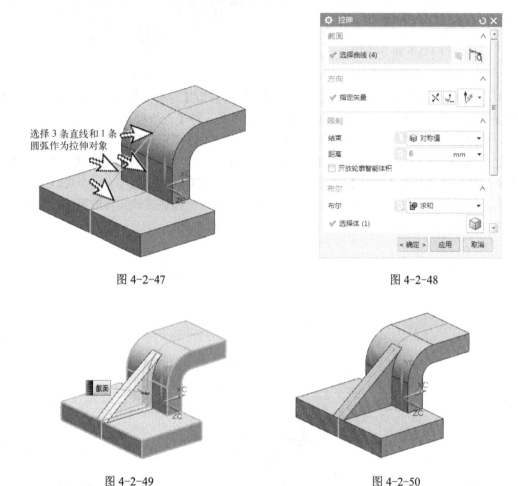

图4-2-47　　　　　　　　　　　图4-2-48

图4-2-49　　　　　　　　　　　图4-2-50

5. 创建圆柱体

选择【主页】带状工具条中【特征】模块里的 ▼（更多）命令按钮，如图4-2-51所示，单击选择 ▮（圆柱）命令按钮，系统弹出【圆柱】对话框，如图4-2-52所示。首先确定圆柱放置的方向也就是对话框中的【指定矢量】，选择 ▼（自动判断的矢量），按照图4-2-53所示的位置确定矢量，并单击【圆柱】对话框中的【指定点】中的 ⊕（点对话框）按钮，系统弹出【点】对话框，选择【类型】下拉复选框内的 ⊕ 光标位置 选项，再选择【输出坐标】栏内的【参考】选项下拉复选框里的【WCS】，在【XC】、【YC】、【ZC】坐标值栏内分别输入【45】、【57】、【0】，如图4-2-54所示，单击 确定 按钮返回【圆柱】对话框。在【尺寸】栏的【直径】、【高度】栏内分别输入【50】、【34】，在【布尔】选项卡中选择【求和】并单击 (体) 按钮，如图 4-2-55 所示，此时与其相求和的实体以高亮度显示，如图 4-2-56 所示。单击 确定 按钮完成圆柱的绘制并关闭【圆柱】对话框，结果如图 4-2-57 所示。

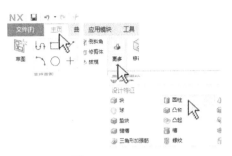

图 4-2-51

图 4-2-52

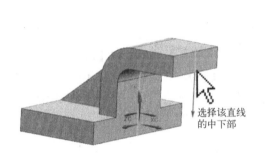

图 4-2-53

图 4-2-54

图 4-2-55

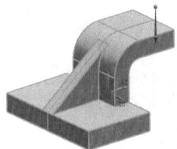

图 4-2-56

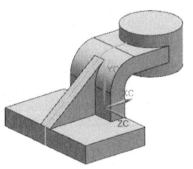

图 4-2-57

6. 打孔

（1）单击【主页】带状工具条中的 (孔) 命令按钮，系统弹出【孔】对话框，如图 4-2-58 所示。在【类型】下拉复选框中选择默认的【常规孔】选项，【孔方向】下拉复选框中选择默认的【垂直于面】选项，在【形状】下拉复选框中选择默认的【简单孔】选项，在

【直径】栏中输入【25】并在【深度限制】下拉复选框中选择【贯通体】选项。此时将【提示/状态】工具条中的【捕捉】选项中的⊙（圆弧中心）捕捉开启，选择如图 4-2-59 所示的圆心，单击 应用 按钮完成φ25mm 通孔的绘制，结果如图 4-2-60 所示。

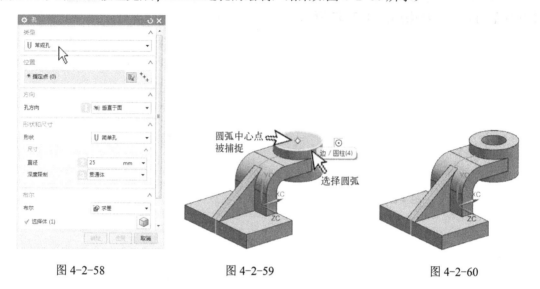

图 4-2-58　　　　　　　图 4-2-59　　　　　　　图 4-2-60

（2）在【形状】下拉复选框中选择默认的【沉头孔】选项，将【沉头孔直径】、【沉头孔深度】和【直径】栏内分别输入【26】、【3】和【15】，其他选项保持不变，如图 4-2-61 所示。然后在图形中单击如图 4-2-62 所示的位置，系统进入草图环境并将视图正视与读者，同时系统弹出【点】对话框用以编辑孔心的位置，如图 4-2-63 所示。

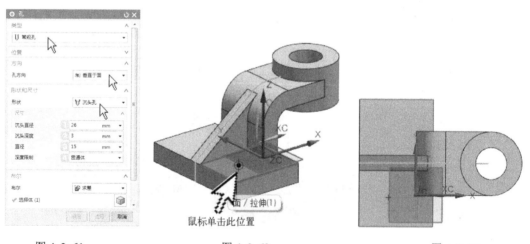

图 4-2-61　　　　　　　图 4-2-62　　　　　　　图 4-2-63

在【点】对话框中单击 关闭 按钮，在草图中即完成一点的绘制，并关闭【点】对话框。单击【主页】带状工具条中的 （快速尺寸）命令按钮，按照图 4-2-64 对该点进行尺寸标注。单击【主页】带状工具条中的 （完成草图）按钮，系统退出【草图】环境，返回【孔】对话框并在图形中出现预览，如图 4-2-65 所示。单击 确定 按钮完成右侧沉头孔的绘制，结果如图 4-2-66 所示。

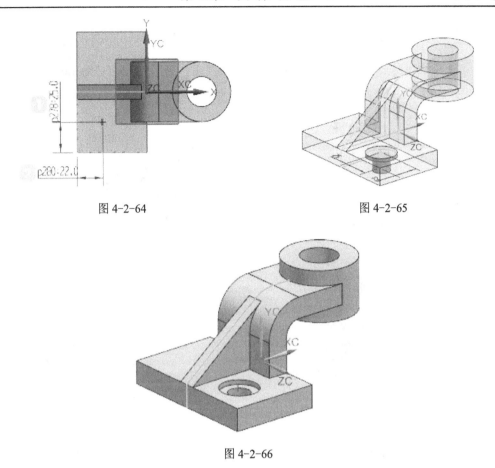

图 4-2-64　　　　　　　　　图 4-2-65

图 4-2-66

7．镜像沉头孔

（1）单击【视图】带状工具条中的 （显示）命令按钮，选择被隐藏的 CSYS 基准坐标系，单击【类选择】对话框中的 确定 按钮，将 CSYS 基准坐标系显示出来，如图 4-2-67 所示。

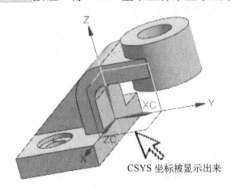

CSYS 坐标被显示出来

图 4-2-67

（2）单击【主页】带状工具条中【特征】里的 更多 【更多】库中的 （镜像面）命令按钮，系统弹出【镜像面】对话框，如图 4-2-68 所示。按照图 4-2-69 所示选择 3 个面，单击中键进行确认，然后系统提示选择【镜像平面】，选择被显示的 CSYS 基准坐标系的【Z-Y】平面，如图 4-2-70 所示，单击 确定 按钮完成【镜像面】命令，绘制的结果如图 4-2-71 所示。

图 4-2-68

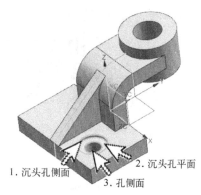
1. 沉头孔侧面
2. 沉头孔平面
3. 孔侧面
图 4-2-69

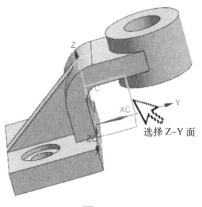
选择 Z-Y 面
图 4-2-70

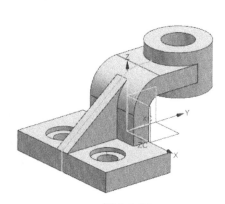
图 4-2-71

8. 边倒圆

（1）单击【主页】带状工具条中的 （边倒圆）命令按钮，系统弹出【边倒圆】对话框，如图 4-2-72 所示。根据提示选择如图 4-2-73 所示的两条棱边，在【半径 1】栏内输入【10】，单击 按钮完成边倒角的绘制，结果如图 4-1-74 所示。

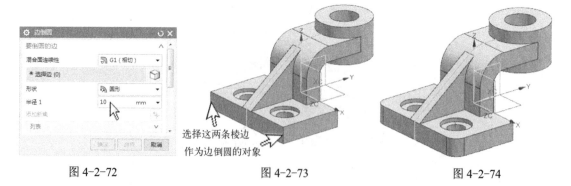

图 4-2-72　　　　　　　　图 4-2-73　　　　　　　　图 4-2-74

（2）单击【视图】带状工具条中的 （隐藏）命令按钮，系统弹出【类选择】对话框，如图 4-2-75 所示。单击 （类型过滤器）按钮，系统弹出【按类型选择】对话框，在如图 4-2-76 所示中按 CTRL 键并单击鼠标选择【曲线】和【基准】，然后单击 按钮返回【类选择】对话框，单击 （全选）按钮，最后单击 按钮完成曲线和基准坐标系的隐藏，结果如图 4-2-77 所示。

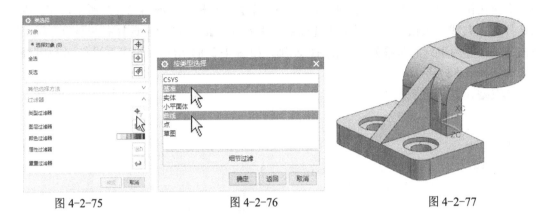

图 4-2-75　　　　　图 4-2-76　　　　　图 4-2-77

4.2.2　方法二：草图绘制实体截面

1．创建新文件

与方法一完全相同。

2．进入草图环境

选择【主页】带状工具条中的 (草图) 命令按钮，系统弹出【创建草图】对话框，如图 4-2-78 所示。如图 4-2-79 所示选择 CSYS 基准坐标系的 ZY 平面，然后单击 确定 按钮，系统进入草图绘制区域，图形正视于 ZY 平面，如图 4-2-80 所示。

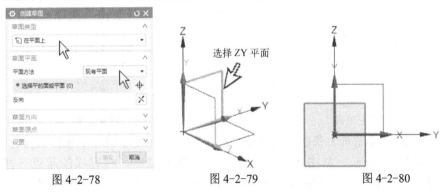

图 4-2-78　　　　　图 4-2-79　　　　　图 4-2-80

3．绘制截面曲线

（1）单击【主页】带状工具条中的 (矩形) 命令按钮，系统弹出【矩形】对话框。选择图 4-2-81 所示的第一种绘制矩形的方法在图形中央绘制一个矩形，结果如图 4-2-82 所示。

 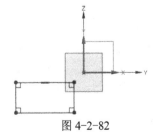

图 4-2-81　　　　　　　　　图 4-2-82

（2）单击【主页】带状工具条中【直接草图】模块里的 ❤（更多）库中的 ⊥（几何约束）命令按钮，此时草图的左上角弹出【几何约束】对话框，如图 4-2-83 所示，在其中单击选择 ∥（共线）按钮，系统提示【选择要约束的对象】，在图形中选择右侧竖直直线，再单击【选择要约束到的对象】，单击选择 Z 轴，如图 4-2-84 所示。约束直线与 Z 轴共线，结果如图 4-2-85 所示。

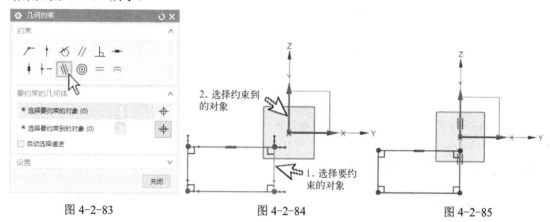

图 4-2-83　　　　　　　图 4-2-84　　　　　　　图 4-2-85

继续添加约束，单击【选择要约束的对象】，在图形中选择上方水平直线，再单击【选择要约束到的对象】，单击选择 Y 轴，如图 4-2-86 所示，仍选择【约束】对话框中 ∥（共线）按钮，约束直线与 Y 轴共线，结果如图 4-2-87 所示。单击 × 按钮，关闭对话框。

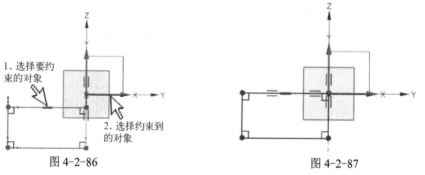

图 4-2-86　　　　　　　　　　　　　图 4-2-87

（3）单击选择【主页】带状工具条中的 ↻（轮廓）命令按钮，系统弹出【轮廓】对话框，如图 4-2-88 所示。单击选择其中的 ╱（直线）按钮，将直线的起点选择【XC】、【YC】为【0】、【0】的点，如图 4-2-89 所示，按照图纸的要求进行连续线段的绘制，绘制的结果如图 4-2-90 所示。

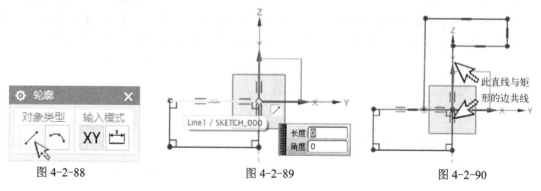

图 4-2-88　　　　　　　图 4-2-89　　　　　　　图 4-2-90

（4）单击【主页】带状工具条中的 （快速尺寸）命令按钮，按照图 4-2-91 所示的尺寸进行标注。

（5）单击【主页】带状工具条中的 （圆角）命令按钮，系统弹出【圆角】对话框，如图 4-2-92 所示。选择图 4-2-93 所示的两条直线，在半径对话框内输入【24】，按回车键确认，再选择图 4-2-94 所示的两条直线，在半径对话框内输入【10】，按回车键确认，完成两个直角的修剪，结果如图 4-2-95 所示。单击×按钮，关闭对话框。

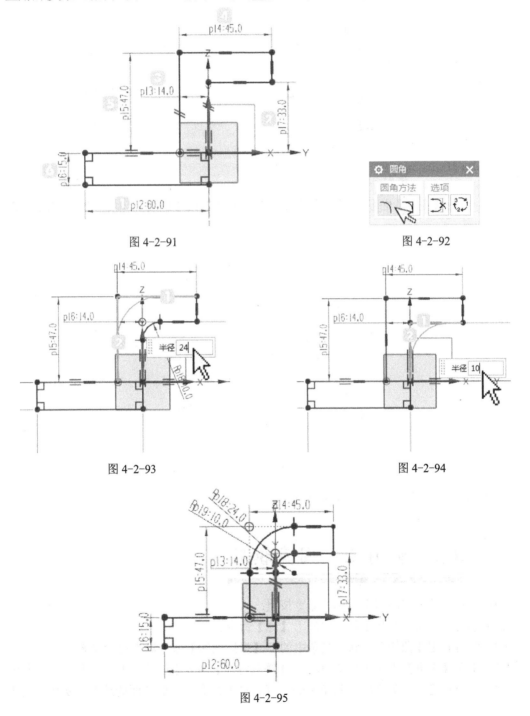

图 4-2-91

图 4-2-92

图 4-2-93

图 4-2-94

图 4-2-95

（6）单击【主页】带状工具条中的 ∕（直线）命令按钮，将【上边框条】中的 ∕（曲线上的点）和 ∕（端点）捕捉开启，其余的全部关闭，按照图 4-2-96 所示选择直线的起点和终点，即完成了一条斜线的绘制，结果如图 4-2-97 所示。

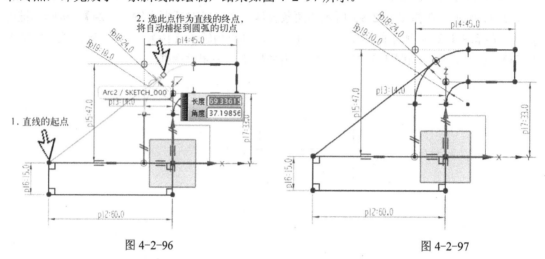

图 4-2-96　　　　　　　　　　　　　图 4-2-97

（7）单击【主页】带状工具条中的 ▨ 按钮，系统退出【草图】环境，结果如图 4-2-98 所示。

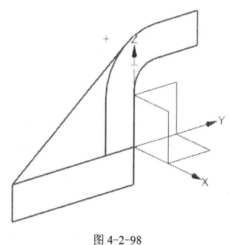

图 4-2-98

步骤 4～8 与方法一中相应步骤相同。

4.3　实例三　圆盘模腔

通过本实例的练习能够学习到的命令按钮：
（1）学习【主页】带状工具条中的 ● 【球】命令。
（2）学习利用【曲线】带状工具条中的 ✦ 【投影曲线】命令对点进行投影。
（3）掌握【主页】带状工具条中的 ▨ 【阵列特征】命令中的【圆形阵列】的使用方法。
（4）学习在【主页】带状工具条中的 ▨ 【拉伸】命令中选取【面的边】对实体表面进行

拉伸的方法。

（5）学习【主页】带状工具条中的 🔲【修剪体】命令对实体进行修剪。

实例三图形如图 4-3-1 所示。

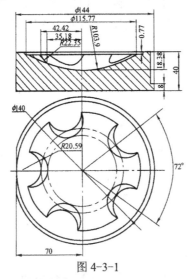

图 4-3-1

4.3.1 方法一：二维曲线绘制实体截面

1. 创建新文件

建立以 T4-3.prt 为文件名，单位为毫米的模型文件。

2. 显示 WCS、隐藏 CSYS 基准坐标系、旋转 WCS 工作坐标系

（1）单击【上边框条】中的 🔲 菜单(M)·命令按钮，系统出现下拉菜单如图 4-1-2 所示，选择【格式】下拉菜单里的【WCS】内的 🔲（显示 WCS）命令条，如图 4-1-3 所示。

（2）单击【视图】带状工具条中的 🔲（隐藏）命令按钮，系统弹出【类选择】对话框，选择绘图区域中的 CSYS 基准坐标系，如图 4-2-2 所示。然后单击 🔲 按钮完成隐藏命令并关闭【类选择】对话框，结果如图 4-2-3 所示。

（3）单击【上边框条】中的 🔲 菜单(M)·命令按钮，选择【格式】下拉菜单里的【WCS】内的 🔲（旋转 WCS）命令按钮，系统弹出【旋转 WCS】对话框，如图 4-3-2 所示。单击选择【+XC 轴 YC—ZC】单选框，在【角度】栏中输入【90】，单击 🔲 按钮完成 WCS 角度的旋转，结果如图 4-3-3 所示。

图 4-3-2

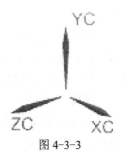

图 4-3-3

3. 绘制基础实体

（1）选择【主页】带状工具条中的【特征】下拉复选三角里的【设计特征下拉菜单】，如图 4-3-4 所示，选择添加 ▯（圆柱）和 ◯（球）命令，然后在【拉伸】的下拉菜单里就有了 ▯（圆柱）和 ◯（球）两个拉伸特征，如图 4-3-5 所示。

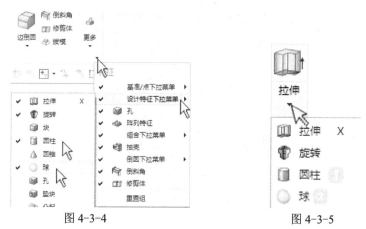

图 4-3-4　　　　　　　　　　　　　　图 4-3-5

（2）在【拉伸】下拉菜单里单击 ▯【圆柱】命令按钮，系统弹出【圆柱】对话框，如图 4-3-6 所示。首先确定圆柱放置的方向，在【指定矢量】下拉复选框中选择 ▾（YC 轴）并单击【圆柱】对话框中的【指定点】中的 （点对话框）按钮，系统弹出【点】对话框。选择【输出坐标】下拉复选框内的【WCS】选项，在【XC】、【YC】、【ZC】坐标值栏内分别输入【0】、【0】、【0】，如图 4-3-7 所示，单击 确定 按钮返回【圆柱】对话框。然后在【尺寸】栏的【直径】、【高度】栏内分别输入【148】、【8】，单击 应用 按钮完成 ϕ148 大圆柱的绘制，结果如图 4-3-8 所示。

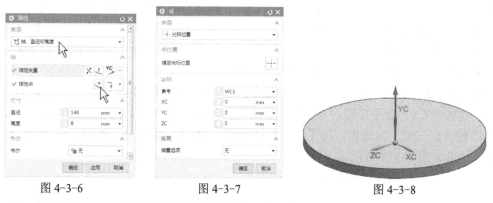

图 4-3-6　　　　　图 4-3-7　　　　　　　图 4-3-8

（3）此时图 4-3-6 所示的【圆柱】对话框并没有关闭，仍然选择【指定矢量】下拉复选框选择 ▾（YC 轴）并单击【圆柱】对话框中的【指定点】中的 （点对话框）按钮，系统弹出【点】对话框。在【类型】下拉复选框中选择【圆弧中心/椭圆中心/球心】选项，如图 4-3-9 所示。鼠标选择如图 4-3-10 所示圆，单击 确定 按钮返回【圆柱】对话框，在【尺寸】栏的【直径】、【高度】栏内分别输入【140】、【40-8-0.77】，在【布尔】选项卡中选择【求和】，如图 4-3-11 所示。单击 确定 按钮完成 ϕ140 圆柱的绘制，并关闭【圆柱】对话框，结果如图 4-3-12 所示。

第4章 实体构图

图 4-3-9

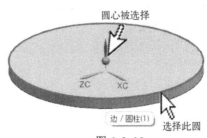
图 4-3-10

图 4-3-11

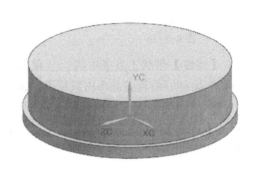
图 4-3-12

（4）单击【主页】带状工具条中【特征】模块里的 更多（更多）库中的 ◯（球）命令按钮，系统弹出【球】对话框，如图 4-3-13 所示。【类型】下拉复选框中选择默认的【中心点和直径】选项，在【指定点】栏中单击 ⌞（点对话框）按钮，系统弹出【点】对话框。单击【点】对话框中的 ◯（重置）按钮，选择【输出坐标】下拉复选框内的【WCS】选项，在【XC】、【YC】、【ZC】坐标值栏内分别输入【0】、【125.52】、【0】，如图 4-3-14 所示。单击 确定 按钮返回【球】对话框，在【直径】栏内输入 103.9*2，在【布尔】下拉复选框中选择【求差】选项，此时 φ148 的圆柱体高亮度显示，单击 确定 按钮完成球的绘制并关闭对话框，绘制结果如图 4-3-15 所示。

图 4-3-13   图 4-3-14   图 4-3-15

4．绘制回转截面

（1）单击【视图】带状工具条中的 ◈（静态线框）命令按钮，结果如图 4-3-16 所示。

（2）单击【曲线】带状工具条中的（基本曲线）命令按钮，系统弹出【基本曲线】对话框。单击选择（直线）按钮，在φ148 大圆柱的底部圆心和φ140 的顶部圆心绘制一条直线，如图 4-3-17 所示。

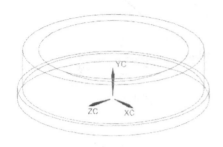

图 4-3-16　　　　　　　　　　　　图 4-3-17

（3）单击【曲线】带状工具条中的（偏置曲线）命令按钮，系统弹出【偏置曲线】对话框。选择刚刚绘制好的直线并单击鼠标中键进行确认。接下来确定偏置的方向，用鼠标单击如图 4-3-18 所示的位置，此时出现偏置的方向箭头，在【偏置曲线】对话框中的【距离】栏内输入【35.18】，如图 4-3-19 所示。单击 应用 按钮完成第一条曲线的偏置，绘制结果如图 4-3-20 所示。

图 4-3-18　　　　　　　图 4-3-19　　　　　　　图 4-3-20

（4）继续进行曲线的偏置，在【偏置曲线】对话框中的【距离】栏内输入【42.42-35.18】，如图 4-3-21 所示，单击 应用 按钮完成第二条曲线的偏置，绘制结果如图 4-3-22 所示。按照同样的方法在【偏置曲线】对话框中的【距离】栏内输入【20.59】，偏置出回转圆台的回转轴线，单击 确定 按钮完成曲线的偏置并关闭对话框，结果如图 4-3-23 所示。

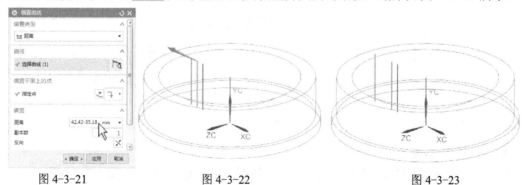

图 4-3-21　　　　　　　图 4-3-22　　　　　　　图 4-3-23

第4章 实体构图

（5）单击【曲线】带状工具条中的 + （点）命令按钮，系统弹出【点】对话框，如图 4-3-24 所示。选择如图 4-3-25 所示直线的端点，单击 确定 按钮完成非关联点的绘制。

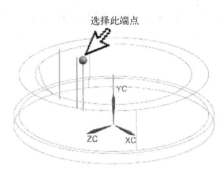

图 4-3-24

图 4-3-25

（6）单击【曲线】带状工具条中的 （投影曲线）命令按钮，系统弹出【投影曲线】对话框，如图 4-3-26 所示。首先确定【要投影的曲线或点】，此时鼠标单击刚刚绘制的单点如图 4-3-27 所示，鼠标中键进行确认；然后在【投影曲线】对话框中的【指定矢量】下拉复选框中选择 （-YC 轴）选项，最后确定【要投影的对象】也就是确定要投影到的目标面，选择圆弧凹球面单击鼠标确认，如图 4-3-28 所示。单击对话框中的 确定 按钮完成点的投影。此时在凹圆弧球面上有一个与此面相交的投影点，如图 4-3-29 所示。

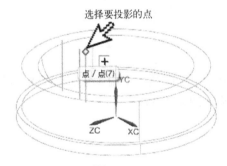

图 4-3-26

图 4-3-27

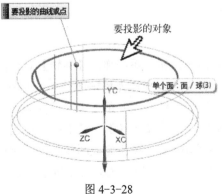

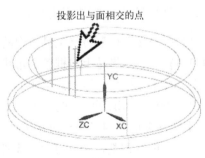

图 4-3-28

图 4-3-29

（7）在【视图】带状工具条中进行定向视图的调整，单击选择 ⌐（前视图），结果如图 4-3-30 所示。单击【曲线】带状工具条中的 （基本曲线）命令按钮，系统弹出【基本曲线】对话框，单击选择 （圆角）按钮，系统弹出【曲线倒圆】对话框，选择第二种方法并在【半径】栏内输入【22.35】，如图 4-3-31 所示。紧接着单击【点构造器】按钮，按照图 4-3-32 所指示的点及选择顺序在两点之间绘制 R22.35 的圆弧，绘制的结果如图 4-3-33 所示。

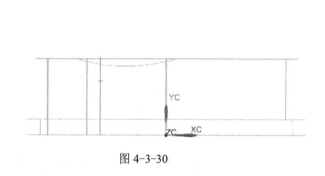

图 4-3-30

图 4-3-31

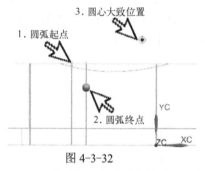

图 4-3-32

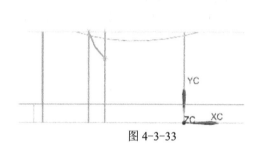

图 4-3-33

（8）将绘制的圆弧两个端点分别用直线与最左侧的直线相连接，然后进行适当的修剪，绘制的结果如图 4-3-34 所示。

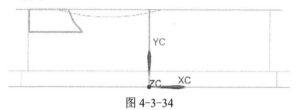

图 4-3-34

5. 创建回转凸台并进行圆形阵列

（1）单击【主页】带状工具条中的 （旋转）命令按钮，系统弹出【旋转】对话框，如图 4-3-35 所示。将【上边框条】带状工具条中下拉复选框选择为 相连曲线 并检查不要将【在相交处停止】项选中。选择刚刚绘制的回转截面并单击中键进行确认。选择回转的轴线并自动识别回转的矢量，如图 4-3-36 所示。将【旋转】对话框中的各项数据及【布尔】选项按照图 4-3-35 所示填写、设置完毕后单击 确定 按钮完成回转凸台及求和的任务，对视图进行调整，单击【视图】带状工具条中的 （带边着色）命令按钮。绘制结果如图 4-3-37 所示。

第4章 实体构图　　123

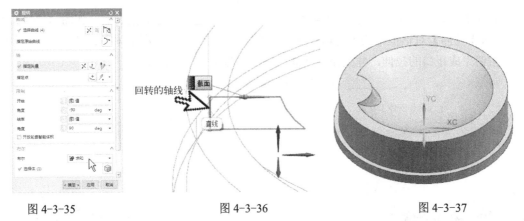

图 4-3-35　　　　　　　图 4-3-36　　　　　　　图 4-3-37

（2）选择【主页】带状工具条中的 ◆（阵列特征）命令按钮，系统弹出【阵列特征】对话框，如图 4-3-38 所示。在【要形成的阵列特征】选择刚刚旋转生成的实体，如图 4-3-39 所示。在【布局】的下拉复选菜单选择 ◯ 圆形 ▼（圆形阵列）。在【指定矢量】下拉复选框中选择 ▼（-YC 轴），【指定点】选择如图 4-3-40 所示的圆并自动捕捉到圆的圆心。【间距】、【数量】、【节距角】按图 4-3-38 所示值输入。单击 确定 按钮，完成阵列并关闭对话框，绘制的结果如图 4-3-41 所示。

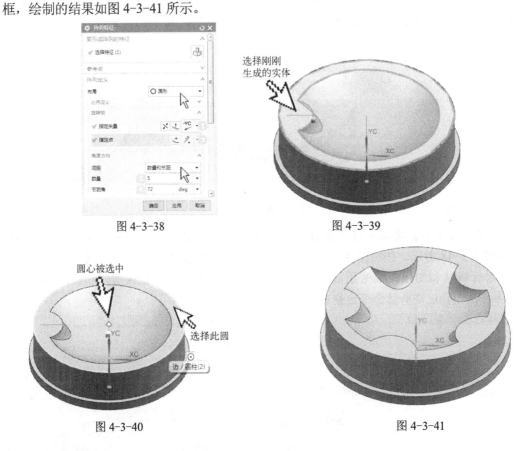

图 4-3-38　　　　　　　　　　　图 4-3-39

图 4-3-40　　　　　　　　　　　图 4-3-41

6. 拉伸止口并对实体进行修剪

（1）单击【特征】带状工具条中的 ◻（拉伸）命令按钮，系统弹出【拉伸】对话框。将

【上边框条】中的下拉复选框选择为 面的边 ，选择实体的上表面，如图 4-3-42 所示。此时【拉伸】对话框中的各选项及输入的数值按照图 4-3-43 所示填写、设置完毕，单击 确定 按钮完成止口的拉伸，并关闭对话框，结果如图 4-3-44 所示。

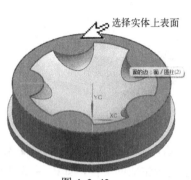
图 4-3-42

图 4-3-43

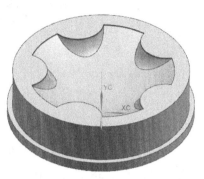
图 4-3-44

（2）单击【主页】带状工具条中的 □·（基准平面）命令按钮，系统弹出【基准平面】对话框。在【类型】下拉复选框中选择【YC-ZC 平面】选项，如图 4-3-45 所示。利用 ⊠（反向）按钮调整基准平面预览箭头的方向、位置与图 4-3-46 一致，并在【距离】栏内输入【70】，单击 确定 按钮完成基准平面的绘制，结果如图 4-3-47 所示。

图 4-3-45

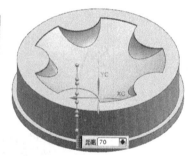
图 4-3-46

图 4-3-47

（3）单击【主页】带状工具条中的 （修剪体）命令按钮，系统弹出【修剪体】对话框，如图 4-3-48 所示。按照图 4-3-49 所示的选择顺序分别选择【目标】和【刀具】并用鼠标中键进行确认和切换，根据预览的情况利用 ⊠（反向）按钮调整保留的和去除的部分，单击 确定 按钮完成修剪体命令，修剪的结果如图 4-3-50 所示。

图 4-3-48

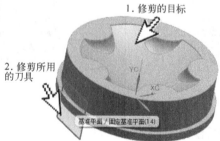
图 4-3-49

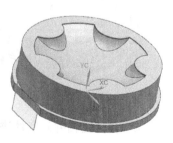
图 4-3-50

第4章 实体构图

（4）单击【视图】带状工具条中的 🔲（隐藏）命令按钮，系统弹出【类选择】对话框，如图 4-3-51 所示。在对话框中单击 🔲（类型过滤器）按钮，系统弹出【按类型选择】对话框，如图 4-3-52 所示。按下键盘的 CTRL 键并单击对话框中的【曲线】、【基准】和【点】，单击 确定 按钮系统返回【类选择】对话框，然后单击对话框中的 🔲（全选）按钮，单击 确定 按钮完成隐藏命令并关闭对话框，结果如图 4-3-53 所示。

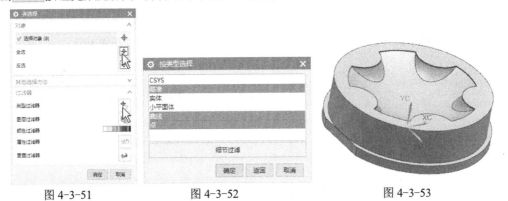

图 4-3-51　　　　　　图 4-3-52　　　　　　图 4-3-53

4.3.2　方法二：利用草图绘制实体截面

步骤 1 和 2 与方法一中步骤 1 和 2 的（1）、（2）相同，先不隐藏 CSYS 基准坐标系。

3．利用草图绘制截面

（1）单击【主页】带状工具条中的 🔲（草图）命令按钮，系统弹出【创建草图】对话框，如图 4-3-54 所示。选择以 XC—ZC 平面为草图平面，如图 4-3-55 所示。然后单击 确定 按钮，系统进入草图绘制区域，图形正视于 XC—ZC 平面，如图 4-3-56 所示。

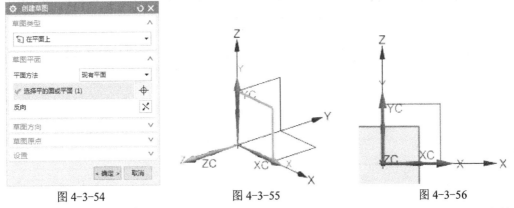

图 4-3-54　　　　　　图 4-3-55　　　　　　图 4-3-56

（2）在【主页】带状工具条中单击 🔲（轮廓）命令按钮，绘制如图 4-3-57 所示图形。紧接着单击【主页】带状工具条中【直接草图】模块里的 🔲（更多）库中的 🔲（几何约束）命令按钮，约束右侧两直线的端点在 Y 轴上，最下方的直线与 X 轴共线，约束结果如图 4-3-58 所示。

（3）通过对图纸的仔细分析，利用【主页】带状工具条中的相应命令绘制球型凹面及五等分凸台的截面图形，绘制结果如图 4-3-59 所示。然后利用【主页】带状工具条中 🔲（快速尺寸）命令按钮对图形中的各元素进行尺寸约束，结果如图 4-3-60 所示。

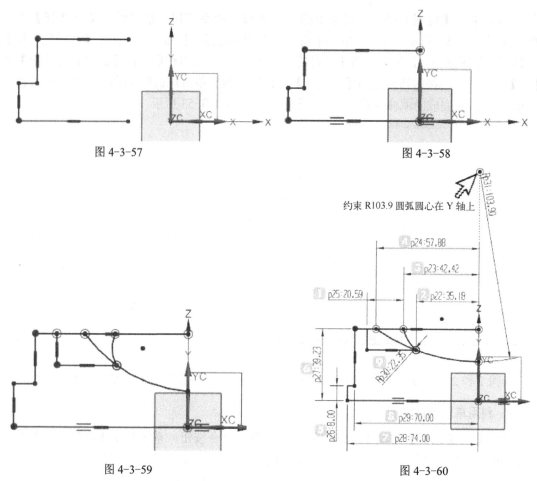

图 4-3-57　　　　　　　　　　　图 4-3-58

约束 R103.9 圆弧圆心在 Y 轴上

图 4-3-59　　　　　　　　　　　图 4-3-60

（4）单击【主页】带状工具条中的 图标，窗口返回到建模空间界面，如图 4-3-61 所示。

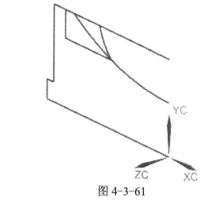

图 4-3-61

4．利用草图截面回转生成实体

（1）单击【主页】带状工具条中的 （旋转）命令按钮，系统弹出【旋转】对话框，如图 4-3-62 所示。将【上边框条】带状工具条中下拉复选框选择为 单条曲线 并检查将【在相交处停止】项选中。选择图 4-3-63 所示的回转截面曲线并单击鼠标中键进行确认，选择 Y 轴的正向作为回转的轴线，选择圆心点作为回转的中心点。将【旋转】对话框中的各项数据按照图 4-3-62 所示填写、设置完毕后单击 应用 按钮完成实体基体的回转任务，绘制结果如图 4-3-64 所示。

第4章 实体构图

图 4-3-62　　　　　　　　　　　图 4-3-63

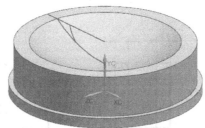

图 4-3-64

（2）继续进行回转命令。选择图 4-3-65 所示的回转截面并单击鼠标中键进行确认，选择 Y 轴的正向作为回转的轴线，选择图 4-3-65 所示的点作为回转的中心点。将【回转】对话框中的各项数据按照图 4-3-66 所示填写、设置完毕后单击 确定 按钮完成半圆凸台的回转，绘制结果如图 4-3-67 所示。

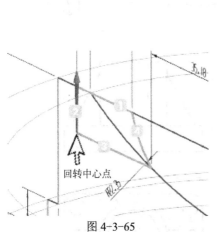
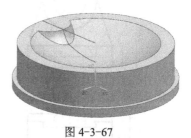

图 4-3-65　　　　　　图 4-3-66　　　　　　图 4-3-67

步骤 5、6 与方法一相应步骤相同

习　　题

根据以下图纸实体图形。（见图 4-1～图 4-10）

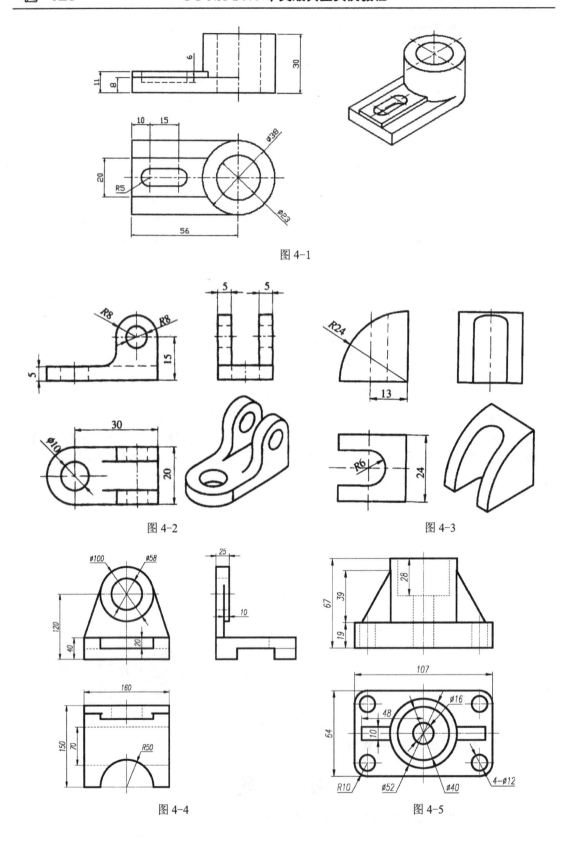

第 4 章 实体构图

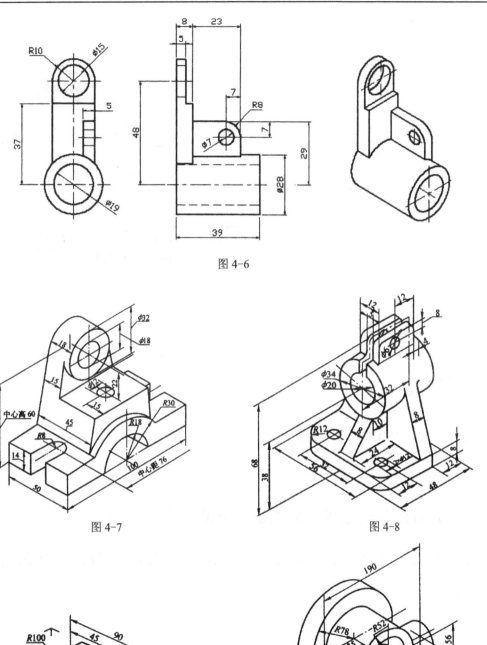

图 4-6

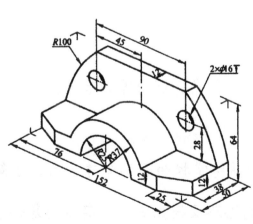

图 4-7

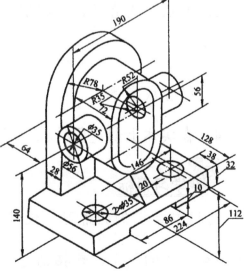

图 4-8

图 4-9

图 4-10

第5章

曲面构图

 内容介绍

本章主要讲述曲面构建。

绘制的思路及步骤：

1. 分析图形的组成，分别画出截面主要构造曲线。

2. 然后采用直纹、曲线组、曲线网格、扫掠等曲面命令来创建各种曲面。

3. 缝合成实体。

4. 在实体上创建各种孔、修剪体、倒角、圆角等细节特征。

学习目标

通过本章实例的练习，使读者能熟练掌握曲面的创建方法，了解曲面与实体的关系，开拓创建曲面的思路及提高曲面、实体的复合零件创建基本技巧。

5.1 实例一 曲面凸台

通过本实例能够学习到的新命令按钮：
（1）学习【曲面】带状工具条中的 【直纹】命令。
（2）学习【曲面】带状工具条中的 【扫掠】命令。
（3）学习【曲面】带状工具条中的 【修剪片体】命令。
（4）学习【曲面】带状工具条中的 【缝合】命令。
（5）学习【曲面】带状工具条中的 【通过曲线网络】命令。

实例一图形如图 5-1-1 所示。

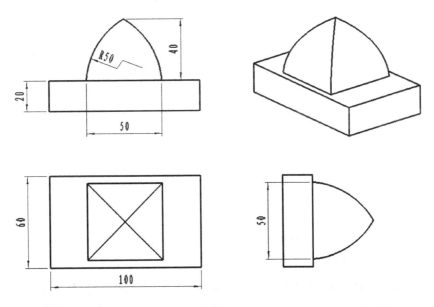

图 5-1-1

5.1.1 方法一：利用【草图】、【扫掠】、【修剪片体】命令绘制图形

1. 创建新文件

建立以 T5-1.prt 为文件名，单位为毫米的模型文件。

2. 绘制草图

（1）选择【主页】带状工具条中的 （草图）命令按钮，系统弹出【创建草图】对话框，如图 5-1-2 所示。选择 XC—YC 平面为草图平面，如图 5-1-3 所示。然后单击 确定 按钮，系统进入草图绘制区域，图形正视于 XC—YC 平面，如图 5-1-4 所示。

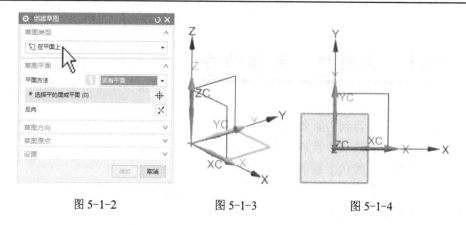

图 5-1-2　　　　　图 5-1-3　　　　　图 5-1-4

（2）按照图纸的要求，利于【曲线】带状工具条中的□（矩形）命令按钮绘制如图 5-1-5 所示草图，并利用【曲线】带状工具条中的（快速尺寸）按钮对其进行尺寸标注的约束，绘制的结果如图 5-1-6 所示。

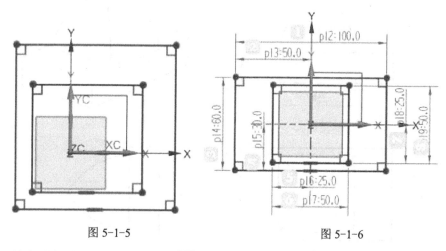

图 5-1-5　　　　　　　　　　　　图 5-1-6

（3）单击【主页】带状工具条中的（完成草图）按钮，窗口返回到建模空间界面，调整视图，单击【视图】带状工具条中（正三轴测图）命令按钮，结果显示如图 5-1-7 所示。

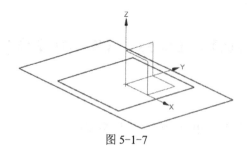

图 5-1-7

3．绘制点和空间圆弧曲线

（1）单击【曲线】带状工具条中的＋（点）命令按钮，系统弹出【点】对话框。在该对话框内输入如图 5-1-8 所示的坐标值，单击 确定 按钮完成关联点的绘制并关闭【点】对话框，结果如图 5-1-9 所示。

第 5 章 曲面构图

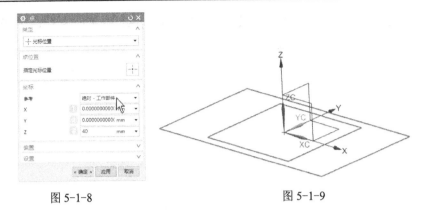

图 5-1-8　　　　　　　　　　　　图 5-1-9

（2）单击【上边框条】中的 菜单(M)·命令按钮，系统出现下拉菜单如图 5-1-10 所示，选择【格式】下拉菜单里的【WCS】内的 （显示 WCS）命令条。

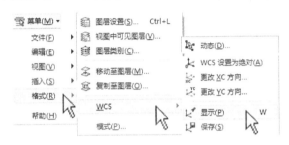

图 5-1-10

单击 菜单(M)·【菜单】按钮中【格式】|【WCS】子菜单里的 （旋转 WCS）命令按钮，按图 5-1-11 所示，系统弹出【旋转 WCS】对话框，如图 5-1-12 所示。选择【＋XC 轴 YC—ZC】单选框，在【角度】栏中输入【90】，单击 确定 按钮完成 WCS 角度的旋转，结果如图 5-1-13 所示。

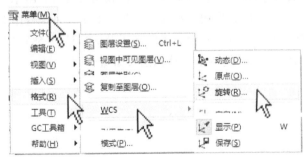

图 5-1-11　　　　　　　　　　　　图 5-1-12

（3）单击【曲线】带状工具条中【更多】库中的 （基本曲线）命令按钮，系统弹出【基本曲线】对话框，单击 （圆角）按钮，系统跳转到【曲线倒圆】对话框，选择第二种曲线倒圆的方法，在【半径】栏输入【50】，如图 5-1-14 所示。单击【点构造器】按钮，系统弹出【点】对话框，状态栏提示【圆角-第一点】。选择 （自动判断的点）选项，依次单击图 5-1-15 中所示的三个点，完成圆角的绘制。

这样就按照逆时针的选择顺序绘制了一个已知圆弧起始点、终止点和大致圆心位置，半径为 50mm 的圆弧。单击 取消 按钮关闭【曲线倒圆】对话框，结果如图 5-1-16 所示。

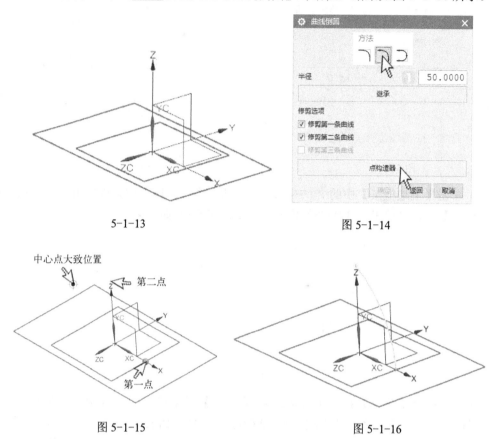

图 5-1-13　　　　　　　　　　　　　　　　图 5-1-14

图 5-1-15　　　　　　　　　　　　　　　　图 5-1-16

（4）单击【工具】带状工具条中的 (移动对象) 命令按钮，系统弹出【移动对象】对话框如图 5-1-17 所示。首先选择 R50 圆弧作为要移动的对象，如图 5-1-18 所示。在【变换】选项卡中的【运动】栏内单击 (角度) 按钮，在【指定矢量】下拉复选框中选择 (YC 轴)，【指定轴点】选择图形上方的单点，其他选项的选择及填写见图 5-1-17 所示。单击 确定 按钮完成【移动对象】命令并关闭对话框，移动结果如图 5-1-19 所示。

图 5-1-17

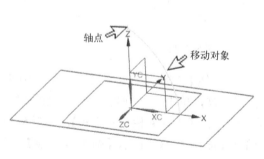

图 5-1-18

4. 绘制上方曲面并缝合成实体

（1）单击【曲面】带状工具条中【曲面】模块下的 ≋（更多）库中的 ▱（直纹）命令按钮，系统弹出【直纹】对话框，如图 5-1-20 所示。按照图 5-1-21 所示位置分别选择截面线串 1，单击鼠标中键确认；紧接着选择截面线串 2，单击 <确定> 按钮完成直纹面的绘制，结果如图 5-1-22 所示。

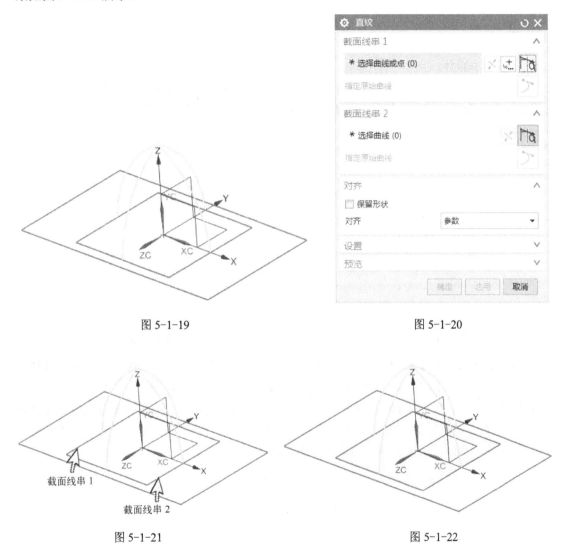

图 5-1-19　　　　　　　　　　　　　图 5-1-20

图 5-1-21　　　　　　　　　　　　　图 5-1-22

（2）单击【曲面】带状工具条中的 ▱（扫掠）命令按钮，系统弹出【扫掠】对话框，如图 5-1-23 所示。根据状态栏的提示，按照图 5-1-24 所示分别选择【截面】和【引导线】并用鼠标中键进行切换，选择完毕后单击 确定 按钮完成【扫掠】命令，绘制结果如图 5-1-25 所示。

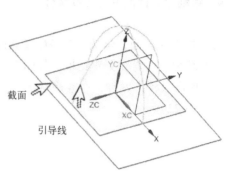

图 5-1-23　　　　　　　　　　　图 5-1-24

（3）按照同样的方法分别绘制剩余的三面曲面，或者采用【工具】带状工具条中的（移动对象）命令按钮对已经绘制的曲面进行移动，绘制的结果如图 5-1-26 所示。

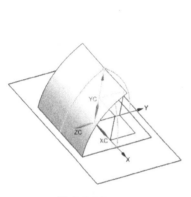
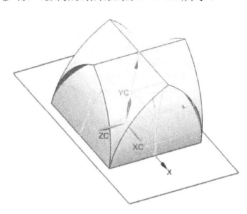

图 5-1-25　　　　　　　　　　　图 5-1-26

（4）单击【曲面】带状工具条中的（修剪片体）命令按钮，系统弹出【修剪片体】对话框，如图 5-1-27 所示。在对话框中【区域】选项卡选择为【保持】，也就是选择的区域是要保留的片体。根据【状态栏】的提示，按照图 5-1-28 所示选择的区域分别选择【目标片体】和【边界对象】并用鼠标中键进行切换，选择完毕后单击 应用 按钮完成【修剪片体】命令的一次修剪任务，修剪结果如图 5-1-29 所示。

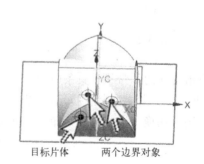

图 5-1-27　　　　　　　　　　　图 5-1-28

此时【修剪片体】对话框并没有关闭，按照图 5-1-30 所示继续选择【目标片体】和【边界对象】并用鼠标中键进行切换，选择完毕后单击 应用 按钮完成【修剪片体】命令的二次修剪任务，绘制结果如图 5-1-31 所示。

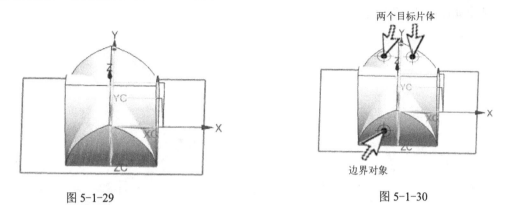

图 5-1-29　　　　　　　　　　　　　图 5-1-30

按照上述同样的方法将零件的另一侧多余的片体修剪完毕，绘制的结果如图 5-1-32 所示。

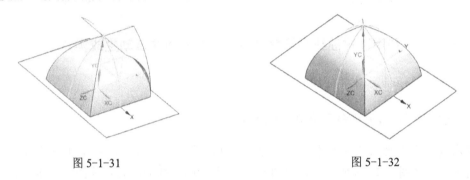

图 5-1-31　　　　　　　　　　　　　图 5-1-32

（5）单击【曲面】带状工具条中的 (缝合)命令按钮，系统弹出【缝合】对话框，如图 5-1-33 所示。按照【状态栏】的提示和图 5-1-34 所示的选择顺序，分别选择【目标】和【工具】片体，选择完毕后单击 确定 按钮完成【缝合】命令，此时片体已经缝合为实体，绘制结果如图 5-1-35 所示。

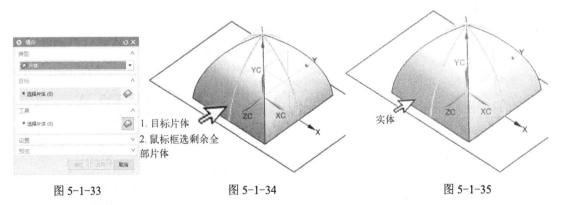

图 5-1-33　　　　　　图 5-1-34　　　　　　图 5-1-35

5．拉伸下方实体

单击【主页】带状工具条中的 (拉伸)命令按钮，系统弹出【拉伸】对话框，同时在【选择条】工具条的下拉复选框中选择【相连曲线】，并按照图 5-1-36 所示选择图中的曲线。当选择的位置不同可能导致拉伸的方向也有所不同，此时可以通过单击 ✕（反向）按钮进行调整。此时将【距离】栏内输入【20】，单击 确定 按钮完成实体的拉伸，结果如图 5-1-37 所示。

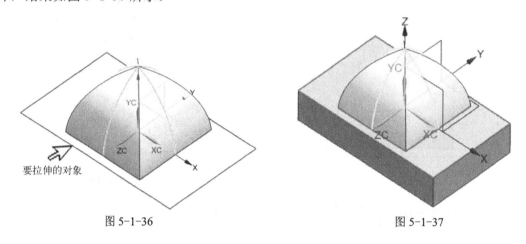

图 5-1-36　　　　　　　　　　　　　　图 5-1-37

5.1.2　方法二：利用通过曲线网格命令绘制上方曲面并自动生成实体

步骤 1～3 与方法一中相应步骤相同。

4．利用通过曲线网格命令绘制上方曲面并自动生成实体

单击【曲面】带状工具条中的 🗔（通过曲线网格）命令按钮，系统弹出【通过曲线网格】对话框，如图 5-1-38 所示。按照图 5-1-39 所示的选择顺序分别选择【主曲线】和【交叉曲线】并用鼠标中键进行切换，选择完毕后单击 确定 按钮完成【通过曲线网格】命令，此时片体已经自动缝合为实体，绘制结果如图 5-1-40 所示。

图 5-1-38

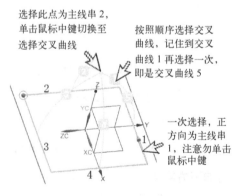

图 5-1-39

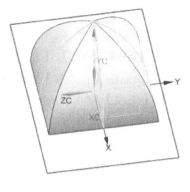

图 5-1-40

5. 同方法一相应步骤。

5.2 实例二 鼠标

通过本实例的练习能够学习到的命令按钮：
（1）学习利用一条截面线和一根引导对曲线进行 ◇【扫掠】命令来完成曲面的绘制。
（2）学习【曲线】带状工具条中的 ◇【扩大】命令。
（3）学习【曲面】带状工具条中的 ◻【边倒圆】命令中的【变半径】倒圆的方法。
实例一图形如图 5-2-1 所示。

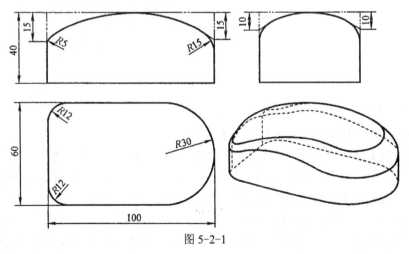

图 5-2-1

1. 创建新文件

建立以 T5-2.prt 为文件名，单位为毫米的模型文件。

2. 创建长方体

单击【主页】带状工具条中【特征】模块里的 ▤（更多）库中的 ◻（长方体）命令按

钮，如图 5-2-2 所示。系统弹出【长方体】对话框，如图 5-2-3 所示。在该对话框中的【类型】下拉复选框中选择默认的【原点和边长】选项，单击【原点】选项的 ⬚（点对话框）按钮，系统弹出【点】对话框，在【XC】、【YC】、【ZC】输入框内分别输入【0】、【0】、【0】，如图 5-2-4 所示，单击 确定 按钮返回【长方体】对话框。在【长方体】对话框的【尺寸】选项中，将【长度】、【宽度】、【高度】输入框内分别输入【100】、【60】、【60】，单击 确定 按钮完成长方体的绘制，结果如图 5-2-5 所示。

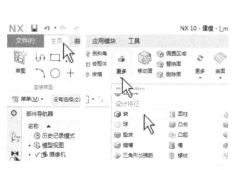

图 5-2-2　　　　　　　　　　　　　图 5-2-3

　　　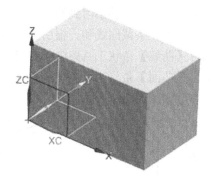

图 5-2-4　　　　　　　　　　　　　图 5-2-5

3．绘制曲线

（1）取消跟踪条中跟踪光标的位置作用。

选择【文件】按钮中【所有首选项】中的【用户界面】命令，弹出【用户界面首选项】对话框，将【选项】中【跟踪光标位置】选项取消，单击按 确定 钮，完成取消跟踪设置。

（2）单击【曲线】带状工具条中的 （基本曲线）命令按钮，系统弹出【基本曲线】对话框。单击选择 （直线）按钮，单击如图 5-2-6 所示的端点，在【基本曲线】对话框中的【平行于】选项单击 ZC 按钮，如图 5-2-7 所示。紧接着将鼠标向图形上方移动并在已打开的【跟踪条】对话框中的 【长度】栏内输入【25】，如图 5-2-8 所示。按回车键键确认直线的终点，单击鼠标中键打断线串，绘制直线的结果如图 5-2-9 所示。用同样的方法或采用【工具】带状工具条中的 （移动对象）命令按钮绘制、移动长方体左侧的直线，结果如图 5-2-10 所示。

（3）单击【上边框条】中的 菜单(M) 命令按钮，系统出现下拉菜单如图 5-1-10 所示，选择【格式】下拉菜单里的【WCS】内的 （显示 WCS）命令条。单击【上边框条】中的菜单(M)·命令按钮，选择【格式】下拉菜单里的【WCS】内的（旋转 WCS）命令按钮，按图 5-1-11 所示，系统弹出【旋转 WCS】对话框。选择【＋XC 轴 YC—ZC】单选框，在【角度】栏中输入【90】，单击 确定 按钮完成 WCS 角度的旋转，紧接着将图中的 CSYS 基准坐标系进行隐藏，结果如图 5-2-11 所示。

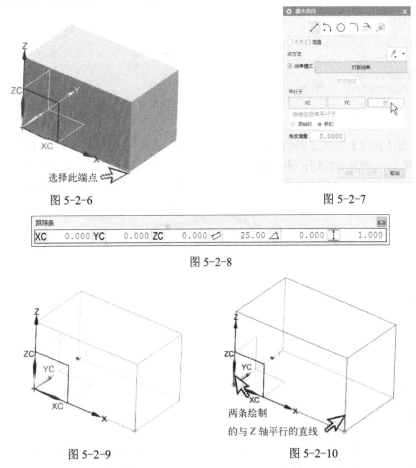

图 5-2-6　　　　　　　　　　　　　　　图 5-2-7

图 5-2-8

图 5-2-9　　　　　　　　　　　　　　　图 5-2-10

（4）单击【曲线】带状工具条中的（偏置曲线）命令按钮，系统弹出【偏置曲线】对话框，如图 5-2-12 所示。首先选择长方体的下边缘单击中键进行确认，然后单击图形的下方使得偏置的方向向上，如图 5-2-13 所示。此时，将对话框中的【距离】输入框中输入【40】，单击 确定 按钮完成【偏置曲线】命令并关闭对话框，偏置结果如图 5-2-14 所示。

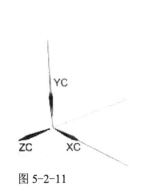

图 5-2-11

图 5-2-12

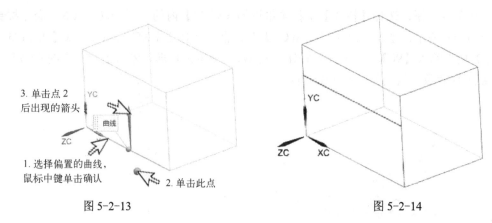

图 5-2-13　　　　　　　　　图 5-2-14

（5）单击【曲线】带状工具条中的 （基本曲线）命令按钮，系统弹出【基本曲线】对话框。单击选择 （圆弧）按钮，选择【起点，终点，圆弧上的点】选项，如图 5-2-15 所示。按照图 5-2-16 所示分别选择圆弧的起点、终点和圆弧上的点，完成圆弧的绘制，如图 5-2-17 所示。

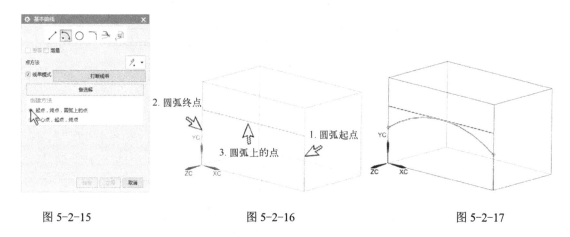

图 5-2-15　　　　　　图 5-2-16　　　　　　图 5-2-17

（6）将部分辅助线进行隐藏，隐藏的结果如图 5-2-18 所示。按照（3）、（4）、（5）步绘制的方法继续绘制右侧端面的圆弧，注意辅助直线的长度为 30mm，然后同样将辅助直线进行隐藏，绘制的结果如图 5-2-19 所示。

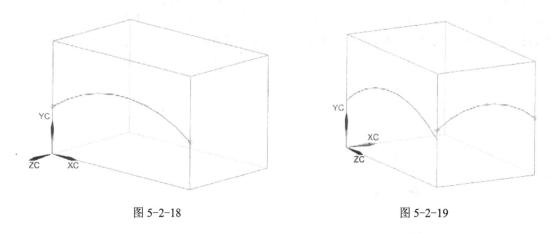

图 5-2-18　　　　　　　　　图 5-2-19

(7) 如图 5-2-20 所示,在【菜单】按钮中单击【格式】|【WCS】子菜单里 (设为绝对 WCS) 命令按钮,将工件坐标系还原至与绝对坐标系重合的位置。然后单击【标准】工具条中的 (移动对象) 命令按钮,系统弹出【移动对象】对话框,如图 5-2-21 所示。在该对话框【变换】选项卡中单击选择【运动】的类型为 (距离),矢量选择为 (YC 轴),在【距离】输入框内输入【30】,其他设置见图 5-2-21 所示。然后按照图 5-2-22 选择移动的对象,单击 按钮完成【移动对象】命令并关闭对话框,移动的结果如图 5-2-23 所示。

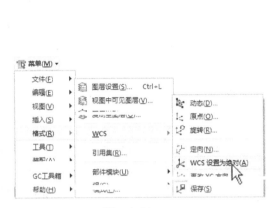

图 5-2-20　　　　　　　　　　　　　图 5-2-21

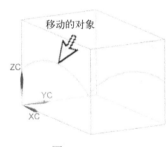
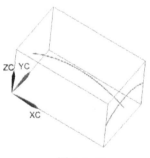

图 5-2-22　　　　　　　　　　　　　图 5-2-23

(8) 按照同样的方法将右侧端面上的圆弧也移动到长方体的中间,这样两个圆弧在各自的中点相交。注意移动的矢量为 (X 轴负向),移动的距离为 50mm,结果如图 5-2-24 所示。

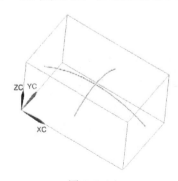

图 5-2-24

4．绘制曲面

（1）单击【曲面】带状工具条中的 ◈（扫掠）命令按钮，系统弹出【扫掠】对话框。根据状态栏的提示，按照图 5-2-25 所示分别选择【截面】和【引导线】并用鼠标中键进行切换，选择完毕后单击按 确定 钮完成【扫掠】命令，绘制结果如图 5-2-26 所示。

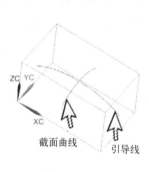

图 5-2-25

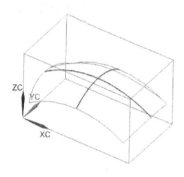

图 5-2-26

（2）单击【曲面】带状工具条中的 ◈（扩大）命令按钮，如图 5-2-27 所示，系统弹出【扩大】对话框，如图 5-2-28 所示。根据系统提示，选择如图 5-2-29 所示的曲面，在【扩大】对话框中按照图 5-2-28 所示设置、输入好各选项和数值，单击按 确定 钮完成【扩大】命令，绘制结果如图 5-2-30 所示。

图 5-2-27

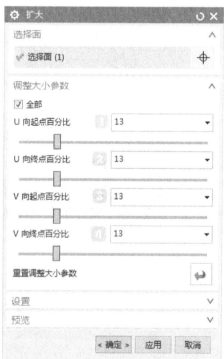

图 5-2-28

第5章 曲面构图 145

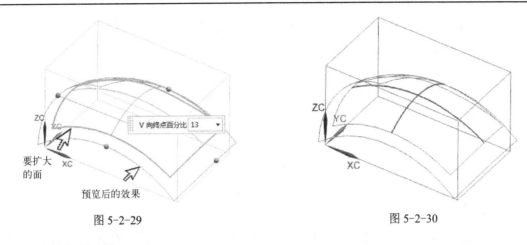

图 5-2-29　　　　　　　　　　　　　图 5-2-30

5. 修剪长方体

单击【曲面】带状工具条中的 ▦（修剪体）命令按钮，系统弹出【修建体】对话框，如图 5-2-31 所示。按照图 5-2-32 所示分别选择【目标体】和【刀具面】，如果修剪的方式不正确可以通过 ✕（反向）按钮进行变更。选择完毕后单击 确定 按钮完成【修建体】命令，绘制结果如图 5-2-33 所示。将绘制的片体以及曲线进行隐藏，结果如图 5-2-34 所示。

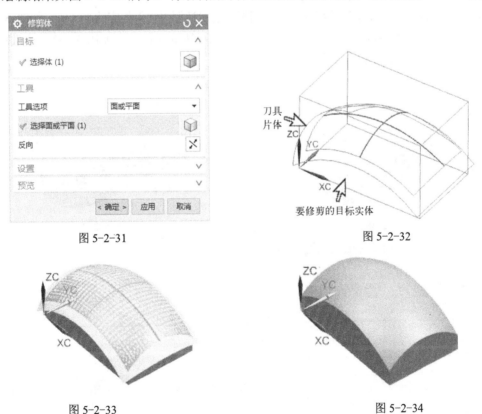

图 5-2-31　　　　　　　　　　　　　图 5-2-32

图 5-2-33　　　　　　　　　　　　　图 5-2-34

6. 对实体进行边倒圆

（1）单击【主页】带状工具条中的 ◢（边倒圆）命令按钮，系统弹出【边倒圆】对话框。在该对话框的【半径 1】输入栏内输入【30】，如图 5-2-35 所示。按照图 5-2-36 所示选择两个侧棱边作为边倒圆的对象,单击 按钮完成 R30 半圆的绘制,结果如图 5-2-37 所示。

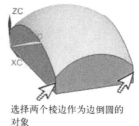
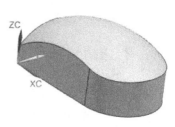

图 5-2-35　　　　　　　　　图 5-2-36　　　　　　　　　图 5-2-37

(2) 按照同样的方法将【半径 1】输入栏内的数值修改为【12】,对前端两个棱边进行边倒圆,绘制的结果如图 5-2-38 所示。

(3) 继续利用【边倒圆】命令对实体上边缘进行圆角过渡。在弹出【边倒圆】对话框后,将【选择条】工具条中的选择对象调整为 相切曲线 ,然后按照图 5-2-39 所示选择此边缘。然后在【边倒圆】对话框的【可变半径点】选项卡中单击【指定新的位置】选项,采用默认方式为 (自动判断点),如图 5-2-40 所示。

在图形中选择各个变半径的特殊点,在图形中的对话框内输入相应的半径值,如图 5-2-41 所示。选择完毕并将各点的半径值调整完毕后,单击【边倒圆】对话框中的 确定 按钮完成变半径的圆角过渡,绘制的结果如图 5-2-42 所示。

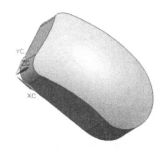

图 5-2-38　　　　　　　　　　　　　　　图 5-2-39

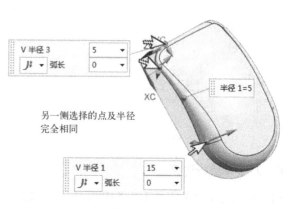

图 5-2-40　　　　　　　　　　　　　　　图 5-2-41

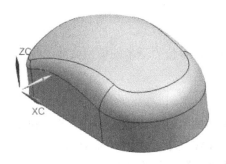

图 5-2-42

5.3 实例三 饮料瓶

本节主要介绍饮料瓶零件的构建，如图 5-3-1 所示，其绘制的思路如下：

图 5-3-1

（1）利用【主页】带状工具条中的 【圆柱】命令构建饮料瓶的主体。
（2）利用【曲面】带状工具条里的 【通过曲线组】命令构建瓶体至瓶口的过渡部分。
（3）利用 【腔体】等命令绘制装饰环及装饰面。
（4）构建饮料瓶瓶口，加上螺纹特征。

通过本实例的练习能够学习到的命令按钮：
（1）学习【曲面】带状工具条中的 【通过曲线组】命令。
（2）学习【主页】带状工具条中的【特征】工具条中的 【拔模】命令。
（3）学习【主页】带状工具条中的【特征】工具条中的 【腔体】命令。
（4）学习【格式】下拉菜单中的【特征分组】命令。
（5）学习【主页】带状工具条中的【特征】工具条中的 【抽壳】命令。
（6）学习【曲面】带状工具条中的 【倒斜角】命令。
（7）学习【主页】带状工具条中的【特征】工具条中的 【螺纹】命令。

1. 创建新文件

建立以 T5-3.prt 为文件名，单位为毫米的模型文件。

2. 创建饮料瓶体

（1）单击【上边框条】中的 ![菜单] · 命令按钮，系统出现下拉菜单如图 5-1-10 所示，选择【格式】下拉菜单里的【WCS】内的 ![图标]（显示 WCS）命令条。

单击 ![菜单] · 按钮中【格式】子菜单里的 ![图标]（旋转 WCS）命令按钮，系统弹出【旋转 WCS】对话框，如图 5-3-2 所示。选择【-XC 轴 ZC—YC】单选框，在【角度】栏中输入【90】，单击 ![确定] 按钮完成 WCS 角度的旋转，结果如图 5-3-3 所示。

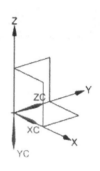

图 5-3-2　　　　　　　　　　　　　　图 5-3-3

（2）单击【视图】带状工具条中的 ![图标]（隐藏）命令按钮，系统弹出【类选择】对话框，选择绘图区域中的 CSYS 基准坐标系，如图 5-3-4 所示。然后单击 ![确定] 按钮完隐藏命令并关闭【类选择】对话框，结果如图 5-3-5 所示。

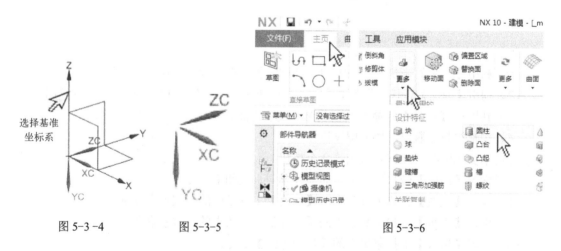

图 5-3-4　　　　　图 5-3-5　　　　　　　　图 5-3-6

（3）如图 5-3-6 所示，单击【主页】带状工具条中【特征】模块里 ![图标]（更多）库中的 ![图标]（圆柱）命令按钮，系统出现【圆柱】对话框。在对话框内的【类型】下拉复选框中选择默认的【轴、直径和高度】选项，在【指定矢量】选项中选择 ![图标]（ZC 轴），在

【尺寸】栏的【直径】和【高度】输入框中分别输入【70】、【15】，如图 5-3-7 所示。此时单击【指定点】选项的（点对话框）按钮，弹出【点】对话框，如图 5-3-8 所示，要求确定圆柱的底圆的圆心，单击（重置）按钮后，单击 确定 钮返回【圆柱】对话框。在【圆柱】对话框中单击 确定 按钮，这样就绘制完成一个底圆圆心在原点的圆柱，如图 5-3-9 所示。

图 5-3-7

图 5-3-8

图 5-3-9

（4）按上述同样的方法再次绘制圆柱，系统再次出现【圆柱】对话框，如图 5-3-10 所示。在【直径】、【高度】输入框内分别输入【70】、【110】，单击【指定点】选项的（点对话框）按钮，弹出【点】对话框，如图 5-3-11 所示。此时要求确定圆柱的底圆的圆心，在 ZC 栏输入【15】，单击 确定 按钮返回【圆柱】对话框。紧接着单击【圆柱】对话框中的 确定 按钮完成一个底圆圆心在（0，0，15）位置，直径为 70mm、高度为 110mm 圆柱，如图 5-3-12 所示。

图 5-3-10

图 5-3-11

图 5-3-12

3. 创建饮料瓶肩部特征

（1）选择【菜单】按钮中的【格式】|【WCS】子菜单的 ⌐ （原点）命令按钮，如图 5-3-13 所示。窗口出现【点】对话框，选择如图 5-3-14 所示的圆弧边缘，单击 确定 按钮将坐标系移至其圆心处，结果如图 5-3-15 所示。

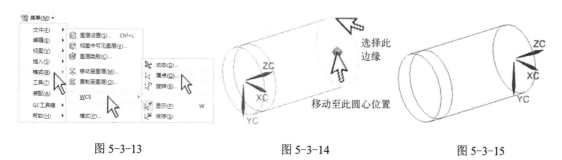

图 5-3-13　　　　　　　　图 5-3-14　　　　　　　　图 5-3-15

（2）单击【曲线】带状工具条中的 ♀ （基本曲线）命令按钮，屏幕出现【基本曲线】对话框，单击对话框中的 ○ （圆）按钮，如图 5-3-16 所示。

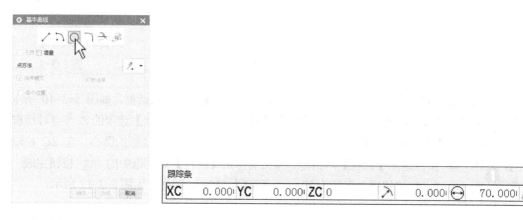

图 5-3-16　　　　　　　　　　　　　图 5-3-17

在窗口下方的【跟踪条】中的【XC】、【YC】、【ZC】栏中分别输入【0】、【0】、【0】，在 ⊖【直径】栏中输入【70】，如图 5-3-17 所示，按回车键，绘出Φ70 的圆。关闭对话框。

再次单击【曲线】带状工具条中的 ♀ （基本曲线）图标，单击对话框中的 ⊙ （圆）按钮，如图 5-3-16 所示。在窗口下方的【跟踪条】中的【XC】、【YC】、【ZC】栏中分别输入【0】、【0】、【20】，在 ⊖【直径】栏中输入【65】，如图 5-3-17 所示，按回车键，绘出Φ65 的圆。关闭对话框。

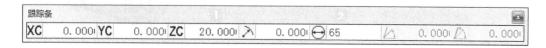

图 5-3-18

单击【基本曲线】对话框中的⊙（圆）按钮，如图 5-3-16 所示。在窗口下方的【跟踪条】中的【XC】、【YC】、【ZC】栏中分别输入【0】、【0】、【40】，在⊖【直径】栏中输入【55】，如图 5-3-19 所示，按回车键，绘出Φ55 的圆。关闭对话框。

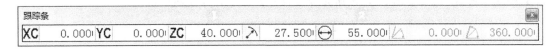

图 5-3-19

单击【基本曲线】对话框中的⊙（圆）按钮，如图 5-3-16 所示。在窗口下方的【跟踪条】中的【XC】、【YC】、【ZC】栏中分别输入【0】、【0】、【55】，在⊖【直径】栏中输入【22】，如图 5-3-20 所示，按回车键绘出Φ55 的圆。紧接着单击 取消 按钮完成如图 5-3-21 所示四个圆弧。

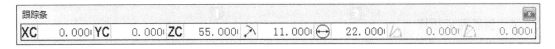

图 5-3-20

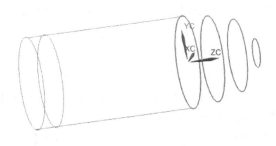

图 5-3-21

（3）单击【曲面】带状工具条中的 (通过曲线组)命令按钮，系统弹出【通过曲线组】对话框，如图 5-3-22 所示。根据提示【选择要剖切的曲线或点】，按照如图 5-3-23 所示，选择曲线 1，单击鼠标中键，再依次选择曲线 2，单击鼠标中键，选择曲线 3，单击鼠标中键，选择曲线 4，单击鼠标中键（选择截面曲线时注意出现的箭头方向要一致）。

图 5-3-22

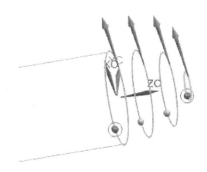

图 5-3-23

选完四条截面曲线后，单击【通过曲线组】对话框中的 确定 按钮，完成饮料瓶肩部的绘制，结果如图 5-3-24 所示。单击【主页】带状工具条中的 （合并）命令按钮，系统弹出【求和】对话框，如图 5-3-25 所示。按照系统提示并根据图 5-3-26 所示分别选择【目标】和【工具】，然后单击 确定 按钮完成【合并】命令并关闭对话框。

图 5-3-24　　　　　　　图 5-3-25　　　　　　　图 5-3-26

4. 创建瓶底拔模

（1）单击【主页】带状工具条中的 （拔模）命令按钮，系统弹出【拔模】对话框，如图 5-3-27 所示。在该对话框的【类型】下拉复选框中选择【从边】选项，在【脱模方向】选项的中选择如图 5-3-28 所示的圆柱外圆，如果方向不正确可以选择 （反向）按钮进行调整。然后按照图 5-3-29 所示选择小圆柱的边缘作为【固定边缘】，在【角度】输入框内输入【15】，单击 确定 按钮完成【拔模】命令，绘制的结果如图 5-3-30 所示。

（2）单击【主页】带状工具条中的 （合并）命令按钮，系统弹出【求和】对话框，如图 5-3-24 所示。按照系统提示并根据图 5-3-30 所示分别选择【目标】和【工具】，然后单击 确定 按钮完成【求和】命令并关闭对话框。

（3）将 WCS 工件坐标系移动至实体左侧圆心处。选择【菜单】按钮中【格式】子菜单下的【WCS】子菜单中的 （原点）命令按钮，如图 5-3-13 所示。系统弹出【点】对话框，单击选择实体左侧圆柱的边缘并自动捕捉到其圆心，单击 确定 按钮完成坐标系的移动，结果如图 5-3-31 所示。

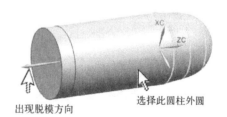

图 5-3-27　　　　　　　　　　　　　　　图 5-3-28

图 5-3-29　　　　　图 5-3-30　　　　　图 5-3-31

5. 创建瓶体装饰环

（1）如图 5-3-33 所示，单击【主页】带状工具条中【特征】模块里 更多（更多）库中的 （槽）命令按钮，系统弹出【槽】对话框，如图 5-3-34 所示。在对话框中单击【矩形】按钮，系统弹出出现【矩形槽】对话框，如图 5-3-35 所示，根据提示按照图 5-3-36 所示选择放置面。

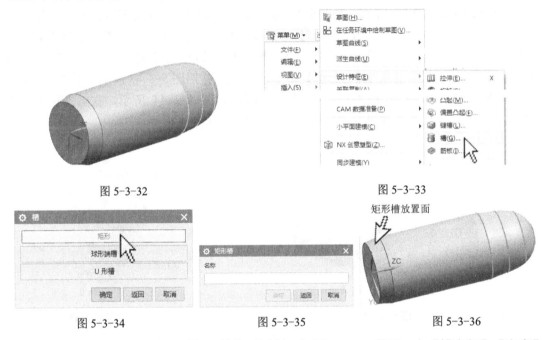

图 5-3-32　　　　　　　　　　　图 5-3-33

图 5-3-34　　　　　图 5-3-35　　　　　图 5-3-36

当选择完放置面后，出现【矩形槽】对话框，如图 5-3-37 所示，在【槽直径】、【宽度】输入框内输入【64】、【5】，然后单击 确定 按钮出现【定位槽】对话框，如图 5-3-38 所示。此时系统提示选择【目标边】和【刀具边】，按照图 5-3-39 所示分别选择目标边和刀具边。

图 5-3-37　　　　　图 5-3-38　　　　　图 5-3-39

屏幕出现【创建表达式】对话框，如图 5-3-40 所示，在输入栏内输入【14】，然后单击 确定 按钮完成沟槽特征，如图 5-3-41 所示。

图 5-3-40

图 5-3-41

（2）在【主页】带状工具条中【特征】模块里的 （更多）库中的 （槽）命令按钮，如图 5-3-33 所示，系统弹出【槽】对话框，如图 5-3-34 所示。在对话框中选择【矩形】按钮，系统弹出【矩形槽】对话框，如图 5-3-35。根据提示按照图 5-3-42 所示选择放置面。

当选择完放置面后，出现【矩形槽】对话框，如图 5-3-34 所示，在【槽直径】、【宽度】输入框内输入【64】、【5】，然后选择 确定 按钮出现【定位槽】对话框，如图 5-3-35 所示。此时，系统提示单击选择【目标边】和【刀具边】，按照图 5-3-43 所示分别选择目标边和刀具边。此时屏幕出现【创建表达式】对话框，如图 5-3-44 所示，在输入栏内输入【122.74】，然后单击 确定 按钮完成沟槽特征，如图 5-3-45 所示。

图 5-3-42

图 5-3-43

图 5-3-44

图 5-3-45

6. 创建瓶体凹纹

（1）单击【主页】带状工具条中的 （基准平面）命令按钮，系统弹出【基准平面】

对话框，如图 5-3-46 所示。在【类型】下拉复选矿中选择【XC-ZC 平面】选项，在【距离】输入框内输入【-50】，单击 确定 按钮完成基准平面的绘制，如图 5-3-47 所示。

（2）单击【主页】带状工具中【特征】模块中的 （更多）库中的 （腔体）命令按钮，如图 5-3-48 所示，系统弹出【腔体】对话框，如图 5-3-49 所示。单击选择【矩形】按钮，出现【矩形腔体】对话框并提示选择平的放置面，如图 5-3-50 所示。直接在图形中选择基准平面作为放置面，如图 5-3-51 所示，然后出现下一级对话框，如图 5-3-52 所示。此时图形中出现构建方向箭头，这和创建意图相反，因此在图 5-3-54 中选择【反向默认侧】按钮，结果如图 5-3-53 所示。紧接着出现选择【水平参考】对话框，如图 5-3-54 所示。

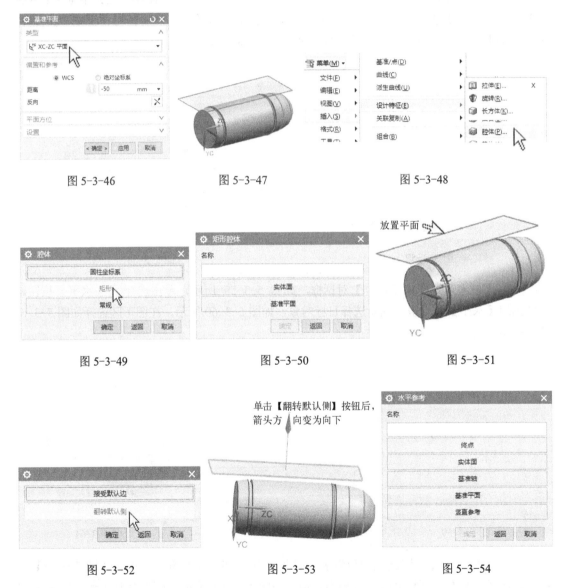

图 5-3-46   图 5-3-47   图 5-3-48

图 5-3-49   图 5-3-50   图 5-3-51

图 5-3-52   图 5-3-53   图 5-3-54

（3）在图形中选择如图 5-3-55 所示的圆柱面为水平参考，图形中出现水平方向箭头，如图 5-3-56 所示。

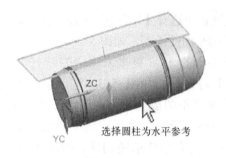

图 5-3-55

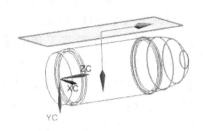

图 5-3-56

此时在屏幕中出现【矩形腔体】对话框,如图 5-3-57 所示。在【长度】、【宽度】、【深度】、【拐角半径】输入框中分别输入【88】、【24】、【20】、【4】,然后在对话框中单击 确定 按钮,图形中出现没有定位完毕的腔体,如图 5-3-58 所示。

图 5-3-57

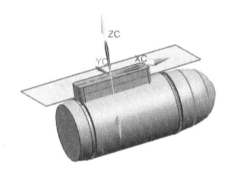

图 5-3-58

(4)接下来系统弹出【定位】对话框,如图 5-3-59 所示,单击选择 (水平)按钮,系统出现【水平】对话框并提示选择目标对象,如图 5-3-60 所示,在图形区选择如图 5-3-61 所示的实体边。

图 5-3-59   图 5-3-60   图 5-3-61

(5)此时出现【设置圆弧的位置】对话框,如图 5-3-62 所示,单击【圆弧中心】按钮,出现【水平】对话框并提示选择刀具边,如图 5-3-63 所示。在图形中选择如图 5-3-61 所示中心线作为刀具边,出现【创建表达式】对话框,如图 5-3-64 所示,在 P29 变量中(读者的变量名可能不同)输入【70】,然后单击 确定 按钮,返回【定位】对话框,单击确定按钮。

图 5-3-62　　　　　图 5-3-63　　　　　图 5-3-64

(6) 当单击 确定 按钮后，接着在【定位】对话框中单击 （竖直）按钮，如图 5-3-65 所示，系统出现【竖直】对话框并提示选择目标对象，如图 5-3-66 所示，在图形区选择如图 5-3-67 所示的实体边。此时出现【设置圆弧的位置】对话框，如图 5-3-62 所示，单击【圆弧中心】按钮，出现【竖直】对话框并提示选择刀具边，如图 5-3-66 所示，在图形中选择如图 5-3-67 所示中心线作为刀具边，出现【创建表达式】对话框，如图 5-3-68 所示，在 P30 变量中（读者的变量名可能不同）输入【0】，然后单击 确定 按钮，返回【定位】对话框，单击 确定 按钮，完成腔体特征，如图 5-3-69 所示。单击【矩形腔体】对话框中的 取消 按钮结束腔体命令。

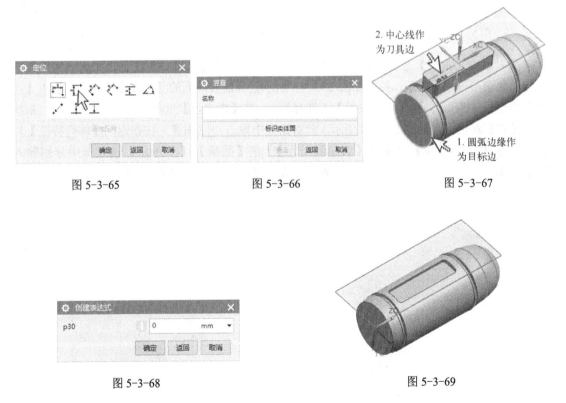

图 5-3-65　　　　　图 5-3-66　　　　　图 5-3-67

图 5-3-68　　　　　　　　　　图 5-3-69

(7) 单击【曲面】带状工具条中的 （边倒圆）命令按钮，系统弹出【边倒圆】对话框，如图 5-3-70 所示。在【半径1】输入框内输入【3】，在【选择条】工具条中选择 相切曲线 ，在图形中选择如图 5-3-71 所示的槽的下边线，单击 应用 按钮完成圆角特征。如图 5-3-72 所示。

图 5-3-70　　　　　　　　　图 5-3-71　　　　　　　　　图 5-3-72

（8）继续在【边倒圆】对话框【半径 1】输入框内输入【2】，如图 5-3-73 所示，在图形中选择如图 5-3-74 所示的上边线，单击 确定 按钮完成【边倒圆】命令，如图 5-3-75 所示。

图 5-3-73　　　　　　　　　图 5-3-74　　　　　　　　　图 5-3-75

（9）单击【主页】带状工具条中的 （阵列特征）命令按钮，系统弹出【阵列特征】对话框，如图 5-3-76 所示。按照如图 5-3-77 所示选择需要阵列的面。在【阵列定义】下【布局】中选择（圆形），在【指定矢量】下选择 ZC ，在【指定点】里单击 （点对话框），系统弹出【点】对话框，如图 5-3-78 所示，此对话框中单击 （重置）按钮返回【阵列特征】对话框。在【角度方向】里选择【数量和节距】，在【数量】、【节距角】输入框中分别输入【6】、【60】，如图 5-3-76 所示。单击 确定 按钮，完成凹纹阵列，如图 5-3-79 所示。

　　　　　　　　　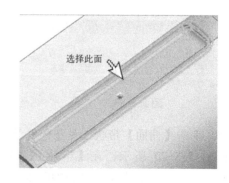

图 5-3-76　　　　　　　　　　　　　　　图 5-3-77

第 5 章 曲面构图

图 5-3-78

图 5-3-79

7. 去除瓶底多余材料

单击【主页】带状工具条中【特征】模块里的 （更多）库中 （球）命令按钮，出现【球】对话框，如图 5-3-80 所示。选择【类型】下拉复选框中的【中心点和直径】选项，单击【中心点】选项中的 （点对话框）按钮，出现【点】对话框，如图 5-3-81 所示。在【ZC】栏内输入【-43】，然后单击按 确定 钮返回【球】对话框，在【直径】栏内输入【100】，单击 确定 按钮，完成【球】命令，结果如图 5-3-82 所示。

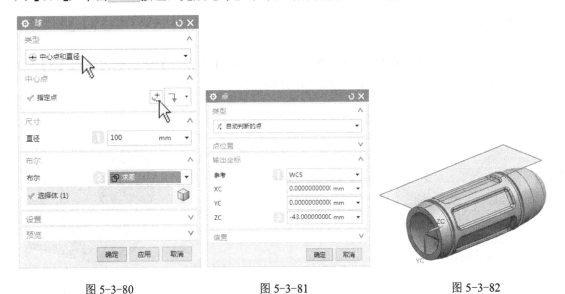

图 5-3-80　　　　　　　图 5-3-81　　　　　　　图 5-3-82

8. 在实体上创建倒圆特征

（1）在绘制边倒圆特征前将基准平面与曲线暂时隐藏。单击【视图】带状工具条中的

（隐藏）命令按钮，系统出现【类选择】对话框，如图 5-3-83 所示。选择基准面，如图 5-3-84 所示。最后单击 确定 按钮，图形区的基准平面已隐藏，如图 5-3-85 所示。

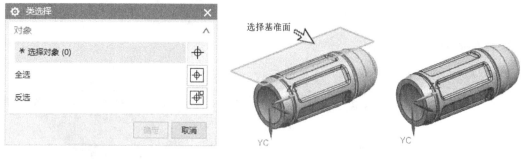

图 5-3-83　　　　　　　　　图 5-3-84　　　　　　　　　图 5-3-85

（2）单击【曲面】带状工具条中的 （边倒圆）命令按钮，系统弹出【边倒圆】对话框，如图 5-3-86 所示。在图形区中选择如图 5-3-87 所示的边缘，然后在【半径1】输入框内输入输入【5】，单击 应用 按钮完成倒圆角操作，如图 5-3-88 所示。

图 5-3-86　　　　　　　　　图 5-3-87　　　　　　　　　图 5-3-88

在图形区选择如图 5-3-89 所示的边缘，然后在【半径 1】输入框内输入【3】，如图 5-3-90 所示，单击 应用 按钮，完成倒圆角如图 5-3-91 所示。

图 5-3-89　　　　　　　　　图 5-3-90　　　　　　　　　图 5-3-91

（3）按照上述同样的步骤，在如图 5-3-92 所示的边缘位置进行相应大小的圆角操作，并且单击【视图】带状工具条中的 （隐藏）命令按钮，选择图形区的曲线进行隐藏，最后完成的结果如图 5-3-93 所示。

第 5 章 曲面构图

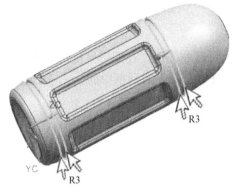
图 5-3-92

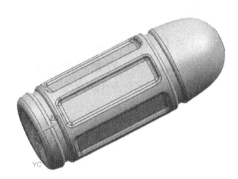
图 5-3-93

继续倒圆角，选择如图 5-3-94 所示的内边缘，在【半径 1】输入框内输入【2】，单击 确定 按钮，完成倒圆角如图 5-3-95 所示。

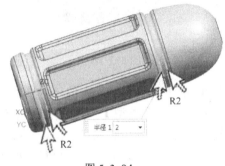
图 5-3-94

图 5-3-95

9．创建抽壳特征

单击【曲面】带状工具条中【曲线工序】模块里的 （更多）库中的 （抽壳）命令按钮，出现【抽壳】对话框，如图 5-3-96 所示。在【类型】下拉复选框中选择【移除面，然后抽壳】选项，在图形区中选择如图 5-3-97 所示的平面，在【壳单元】对话框中的【厚度】输入框内输入【1】，然后单击 确定 按钮完成抽壳操作，如图 5-3-98 所示。

图 5-3-96

图 5-3-97

图 5-3-98

10. 创建瓶口特征

（1）单击【视图】带状工具条中的 命令按钮，在图形区出现被隐藏的曲线及基准，选择如图 5-3-99 所示的曲线，然后单击【类选择】对话框中的 确定 按钮，最小的圆被显示出来，如图 5-3-100 所示。

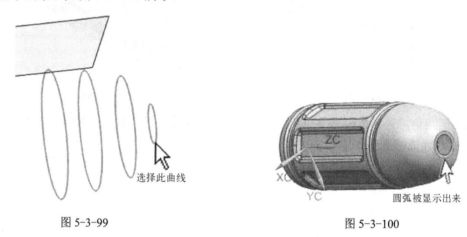

图 5-3-99　　　　　　　　　　　　　图 5-3-100

（2）单击【主页】带状工具条中【特征】模块里的 （更多）库中的 （圆柱）命令按钮，出现【圆柱】对话框，如图 5-3-101 所示。在【类型】下拉复选框中选择【轴、直径和高度】选项，然后在【指定矢量】选项中选择 （Z 轴正向）。紧接着在【直径】、【高度】输入框中分别输入【38】、【30】，在【指定点】选项的下拉复选框中选择 （圆弧中心），在图形中选取如图 5-3-102 所示的圆，单击 确定 按钮返回【圆柱】对话框。将【布尔】选项选择为 （合并）选项，单击 确定 按钮完成圆柱的绘制，结果如图 5-3-103 所示。

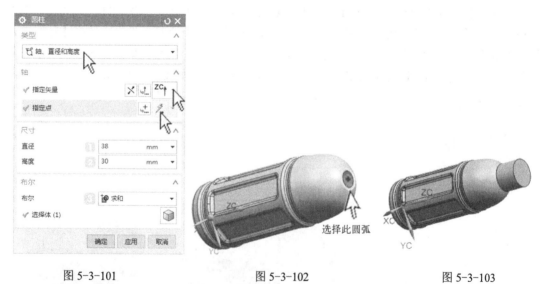

图 5-3-101　　　　　　图 5-3-102　　　　　　图 5-3-103

（3）单击【主页】带状工具条中【特征】模块里的 （更多）库中的 （圆柱）命令按钮，出现【圆柱】对话框，如图 5-3-104 所示。在【类型】下拉复选框中选择【轴、直径和高度】选项，然后在【指定矢量】选项中选择 (Z 轴负向)。紧接着在【直径】、【高度】输入框中分别输入【18】、【35】，在【指定点】选项的下拉复选框中选择 （圆弧中心），在图形中选取如图 5-3-105 所示的圆，将【布尔】选项选择为 （求差）选项，单击 按钮完成圆柱的绘制，结果如图 5-3-106 所示。

图 5-3-104

图 5-3-105

图 5-3-106

（4）如图 5-3-33 所示，在【主页】带状工具条中【特征】模块里的 （更多）库中的 （槽）命令按钮，系统弹出【槽】对话框，如图 5-3-34 所示。在对话框中单击【矩形】按钮，系统弹出出现【矩形槽】对话框，如图 5-3-35 所示，根据提示按照图 5-3-107 所示选择放置面。

当选择完放置面后，出现【矩形槽】对话框，如图 5-3-108 所示。在【槽直径】、【宽度】输入框中输入【22】、【5】，然后单击 按钮，出现【定位槽】对话框，如图 5-3-109 所示。系统提示选择【目标边】和【刀具边】，在图形中分别选择如图 5-110 所示的目标边和刀具边。

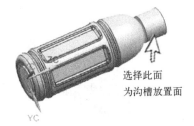

图 5-3-107

图 5-3-108

图 5-3-109

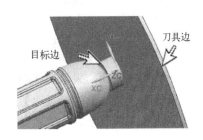

图 5-3-110

此时系统出现【创建表达式】对话框，如图 5-3-111 所示，在【P243】输入框（根据实际情况可能不一致）中输入【0】，然后单击 确定 按钮，完成沟槽特征，如图 5-3-112 所示。

图 5-3-111　　　　　　　　　　　　　　　图 5-3-112

（5）按照步骤 4，采用同样的方法，再次创建第二个沟槽特征。

槽参数如图 5-3-113 所示，选择目标边、工具边如图 5-3-114 所示，定位值如图 5-3-115 所示，结果如图 5-116 所示。

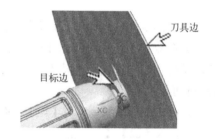

图 5-3-113　　　　　　　　　　　　　　　图 5-3-114

图 5-3-115　　　　　　　　　　　　　　　图 5-3-116

（6）按照步骤 4，采用同样的方法，再次创建第三个沟槽特征。槽的参数如图 5-3-117 所示，选择【目标边】、【工具边】如图 5-3-118 所示，【定位值】如图 5-3-119 所示，绘制的结果如图 5-120 所示。

图 5-3-117

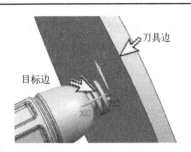

图 5-3-118

图 5-3-119

图 5-3-120

11. 创建瓶口螺纹特征

(1) 单击【主页】带状工具条中的 命令按钮,出现【倒斜角】对话框,如图 5-3-121 所示。在【偏置】选项卡中的【横截面】下拉复选框中选择【对称】选项,在【距离】输入框中输入【3】,按照图 5-3-122 所示选择瓶口实体边缘,然后单击 按钮,完成倒斜角特征,结果如图 5-3-123 所示。

图 5-3-121

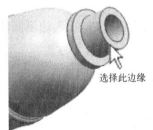

图 5-3-122

图 5-3-123

(2) 单击【曲面】带状工具条中【特征】模块里的 库中的 命令按钮,出现【螺纹】对话框。在【螺纹类型】单选框中选择【详细】单选框,【旋转】单选框中选择【右旋】。系统提示选择一个圆柱面,在图形中选择如图 5-3-124 所示的圆柱面,此时对话框中螺纹参数自动添加,如图 5-3-125 所示。将【长度】输入框内的数值修改为

【18】,【螺距】输入框内的数值修改为【4】,其余参数保持不变。单击 确定 按钮完成螺纹的绘制,结果如图5-3-126所示。

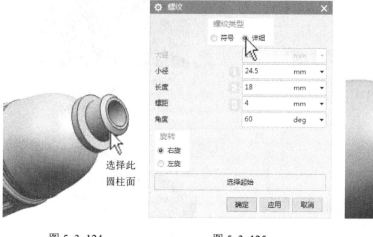

图5-3-124　　　　　　图5-3-125　　　　　　图5-3-126

(3)在瓶嘴处加入图5-3-127所示大小的圆角特征,并将曲线进行隐藏,最后生成的结果如图5-3-128所示。

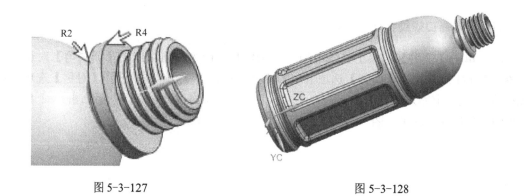

图5-3-127　　　　　　　　　　　　图5-3-128

(4)按照图5-3-129所示,在螺纹处加入边倒圆特征,最终的设计结果如图5-3-130所示。

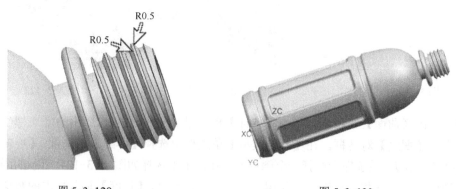

图5-3-129　　　　　　　　　　　　图5-3-130

习 题

根据以下图纸进行曲面绘图（见图 5-1～图 5-6），图 5-2、图 5-3、图 5-6 单位为英寸。

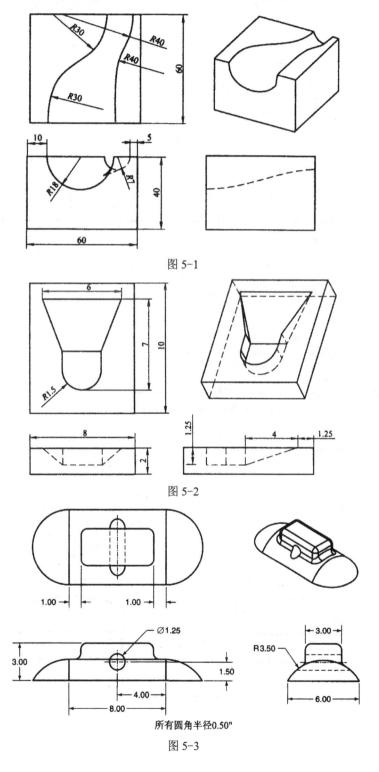

图 5-1

图 5-2

图 5-3

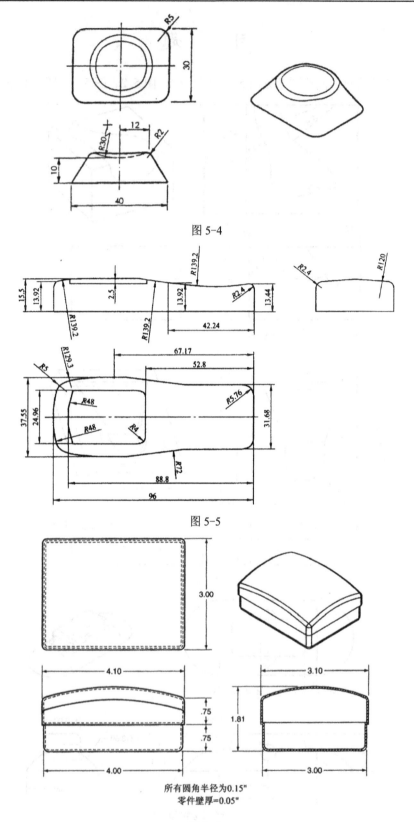

图 5-4

图 5-5

所有圆角半径为0.15"
零件壁厚=0.05"

图 5-6

第6章

装　配

 内容介绍

本章主要讲述 UG 的装配方法。UG 的装配是指将零件通过组织和定位，组成具有一定功能的产品模型的过程。装配操作不是将零件复制到装配体中去，而是在装配件中对零部件进行引用。一个零件可以被多个装配引用，也可以被引用多次。装配不仅能快速将零部件组合成为一个产品，而且可以参考其他部件进行部件关联设计，并可以对装配模型进行间隙分析和重量管理等相关操作。完成装配模型后，还可以建立爆炸视图，并将其导入装配工程图中。

 学习目标

通过本章实例的练习，使读者能熟练掌握零件装配中组件的创建方法和关联的相关操作；掌握装配组件的操作及爆炸视图的编辑。

6.1 实例一 轮盘的装配

实例一装配后图形如图 6-1-1 所示。

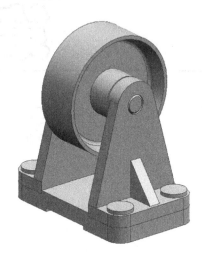

图 6-1-1

通过本实例的练习能够学习到的命令按钮：
（1）学习【装配】带状工具条中的 【添加】命令。
（2）学习【装配】带状工具条中的 【镜像装配】命令。
（3）掌握【分析】带状工具条中的 测量距离 【测量距离】命令。
（4）学习约束关系为 【接触对齐】的装配方法。
（5）学习约束关系为 【中心】的装配方法。
（6）学习【装配】带状工具条中的 【阵列组件】命令。

1. 创建新文件

（1）建立以 T6-1.prt 为文件名，单位为毫米的模型文件，如图 6-1-2 所示。（注意保存新文件的位置与所要装配的源文件在同一文件夹内）。

（2）在【上边框条】的任意空白处单击右键，出现下拉菜单，选择【装配】选项，如图 6-1-3 所示，系统在建模模块下引导装入装配模块并在系统界面中出现【装配】带状工具条，如图 6-1-4 所示。

2. 创建基准平面

在【主页】带状工具条中单击 （基准平面）命令按钮，出现【基准平面】对话框，如图 6-1-5 所示。在【类型】下拉复选框中选择【YC-ZC 平面】，并按照图 6-1-5 所示设置好偏置和参考的内容，单击 确定 按钮完成平面的创建，结果如图 6-1-6 所示。

第6章 装　配

图 6-1-2　　　　　　　　　　　　　　　图 6-1-3

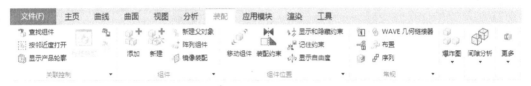

图 6-1-4

　　　　　　　　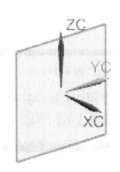

图 6-1-5　　　　　　　　　　　　　　　图 6-1-6

3. 添加底板组件

在【装配】带状工具条中单击 （添加）命令按钮，出现【添加组件】对话框，如图 6-1-7 所示。在对话框中单击 （打开）按钮，出现选择【部件名】对话框。选择解压目录 WCSL\ZP\6-1\6-1-1.prt 文件，如图 6-1-8 所示，然后单击 OK 按钮，主窗口右下角出现一个 【组件预览】小窗口，如图 6-1-9 所示。此时，返回到【添加组件】对话框内，在【放置】选项卡中的【定位】下拉复选框中选择【通过约束】选项，然后单击 确定 按钮，出现【装配约束】

对话框,如图6-1-10所示,在对话框中的【类型】下拉复选框中选择【接触对齐】选项。

图6-1-7

图6-1-8

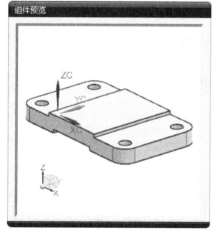

图6-1-9

图6-1-10

在【组件预览】窗口将模型旋转至适当位置,选择如图6-1-11所示的零件面,然后在主窗口选择图6-1-6所示刚才创建的平面,完成配对约束,结果如图6-1-12所示。

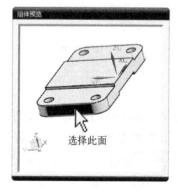

图6-1-11

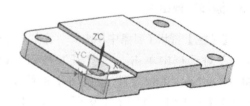

图6-1-12

4. 添加两侧板组件

(1) 按照步骤 3 同样的方法加入左侧侧板（6-1-2.prt）零件，然后进行定位。此时系统出现【添加组件】对话框，如图 6-1-13 所示，在【放置】选项卡中的【定位】下拉复选框中选择【通过约束】选项，然后单击 按钮，出现【装配约束】对话框，如图 6-1-14 所示，在对话框中的【类型】下拉复选框中选择【接触对齐】选项。

图 6-1-13

图 6-1-14

在【组件预览】窗口将模型旋转至适当位置，选择如图 6-1-15 所示的零件底面，然后在主窗口选择图 6-1-16 所示的面，完成配对约束。

图 6-1-15

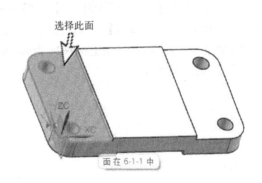

图 6-1-16

(2) 继续添加约束，保持【类型】下拉复选框中的【接触对齐】选项，在【组件预览】窗口将模型旋转至适当位置，选择如图 6-1-17 所示的面，然后在主窗口选择图 6-1-18 所示的面，完成配对约束。

图 6-1-17　　　　　　　　　　　　　　图 6-1-18

（3）继续添加约束，保持【类型】下拉复选框中的【接触对齐】选项，在【组件预览】窗口将模型旋转至适当位置，选择如图 6-1-19 所示的零件底面，然后在主窗口选择图 6-1-20 所示的面，完成配对约束，单击 确定 按钮完成左侧侧板的装配，结果如图 6-1-21 所示。

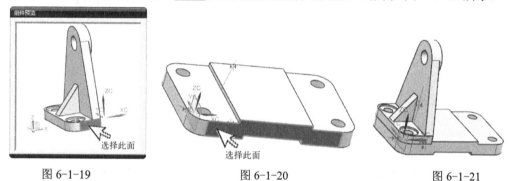

图 6-1-19　　　　　　　　　图 6-1-20　　　　　　　　　图 6-1-21

（4）按照本步骤中（1）～（3）的方法将右侧侧板（6-1-2prt）零件装配进来。也可以按照另一种方法进行装配。

单击【分析】带状工具条中 测量距离 （测量距离）命令按钮。系统弹出【测量距离】对话框，如图 6-1-22 所示。在对话框中的【类型】下拉复选框中选择【距离】选项，在对话框的【结果显示】选择【显示信息窗口】选项。在图形中选择如图 6-1-23 两个点，系统弹出【信息】对话框，记住增量 X 的数值 136，如图 6-1-24 所示，单击 确定 按钮关闭对话框，完成测量。

 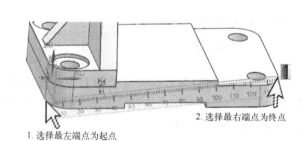

图 6-1-22　　　　　　　　　　　　　　　图 6-1-23

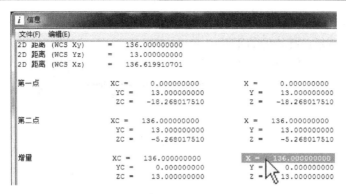

图 6-1-24

单击【主页】带状工具条中的 □（基准平面）命令按钮，系统弹出【基准平面】对话框，如图 6-1-25 所示。在对话框中的【类型】下拉复选框中选择【YC-ZC 平面】选项，【距离】输入【68】，单击 确定 按钮完成基准平面的绘制，在图形的中心建立平面，结果如图 6-1-26 所示。

图 6-1-25

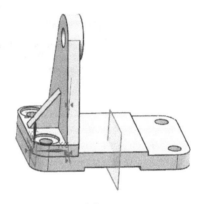

图 6-1-26

（5）单击【装配】带状工具条中的 （镜像装配）命令按钮，系统弹出【镜像装配向导】对话框，如图 6-1-27 所示。在该对话框中单击 下一步> 按钮，系统弹出【镜像装配向导】二级对话框并提示选择【希望镜像哪些组件】，按照图 6-1-28 选择要镜像的组件。

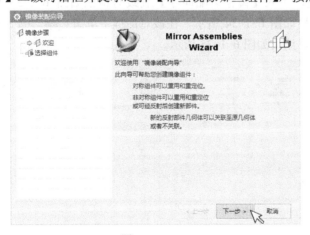

图 6-1-27

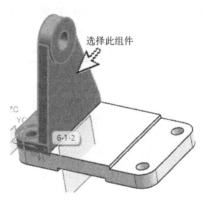

图 6-1-28

此时，对话框中出现了 6-1-2 组件的名称，如图 6-1-29 所示，在此对话框中单击

[下一步>]按钮。紧接着系统弹出【镜像装配向导】三级对话框，如图 6-1-30 所示。根据提示并按照图 6-1-31 所示选择镜像的平面。

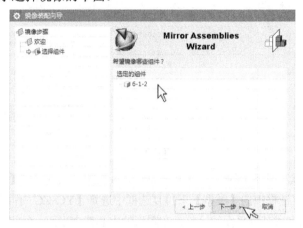

图 6-1-29

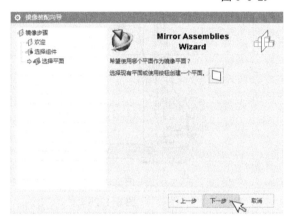

图 6-1-30

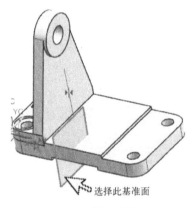

图 6-1-31

在该对话框中继续单击[下一步>]按钮，进入【镜像装配向导】四级对话框，如图 6-1-32 所示。在该对话框中单击[下一步>]按钮，进入【镜像装配向导】五级对话框如图 6-1-33 所示，进入【镜像装配导向】六级对话框如图 6-1-34 所示，在该对话框中单击[完成]按钮完成镜像装配任务，将基准平面隐藏后，结果如图 6-1-35 所示。

图 6-1-32

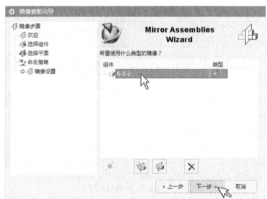

图 6-1-33

第 6 章 装　配

图 6-1-34

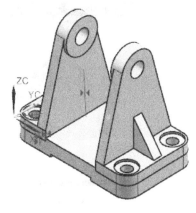

图 6-1-35

5. 添加皮带轮组件

（1）在【装配】带状工具条中单击 （添加）命令按钮，出现【添加组件】对话框，在对话框中单击 （打开）按钮，出现选择【部件名】对话框，选择解压目录 WCSL\ZP\6-1\6-1-3.prt 文件。在【放置】选项卡中的【定位】下拉复选框中选择【通过约束】选项，然后单击 确定 按钮，出现【装配约束】对话框，如图 6-1-36 所示。单击 确定 按钮进入【装配约束】对话框，在对话框中的【类型】下拉复选框中选择【接触对齐】选项，【方位】下拉复选框中选择【自动判断中心／轴】选项，如图 6-1-37 所示。

图 6-1-36

图 6-1-37

（2）在【组件预览】窗口将模型旋转至适当位置，选择如图 6-1-38 所示的轴线，然后在主窗口选择图 6-1-39 所示的轴线，完成配对约束。

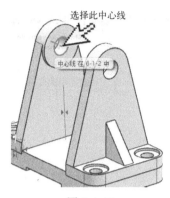

图 6-1-38　　　　　　　　　　　图 6-1-39

（3）继续添加约束，选择【类型】下拉复选框中的【中心】选项，在【子类型】下拉复选框中选择【2 对 2】，如图 6-1-40 所示。窗口将模型旋转至适当位置，选择如图 6-1-41 所示的两个面，然后在主窗口选择图 6-1-42 所示的两个面，单击 确定 完成配对约束。这样就加入皮带轮零件，如图 6-1-43 所示。

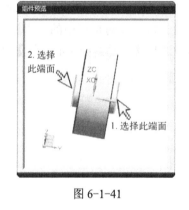

图 6-1-40　　　　　　　　　　　图 6-1-41

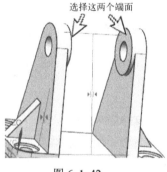
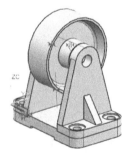

图 6-1-42　　　　　　　　　　　图 6-1-43

6．添加芯轴组件

（1）按照步骤 3 同样的方法加入芯轴零件（6-1-4.prt），然后进行定位，系统出现【装配约束】对话框，选择【类型】下拉复选框中的【中心】选项，在【子类型】下拉复选框中选择【2 对 2】,如图 6-1-44 所示。窗口将模型旋转至适当位置,选择如图 6-1-45 所示的两个面,然后在主窗口选择如图 6-1-46 所示的两个面,完成配对约束。

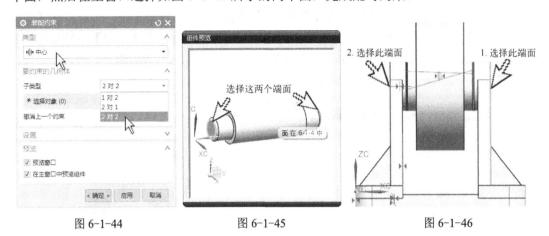

图 6-1-44　　　　　　　　图 6-1-45　　　　　　　　图 6-1-46

（2）继续添加约束,选择【类型】下拉复选框中的【接触对齐】选项,在【方位】下拉复选框中选择【自动判断中心|轴】,如图 6-1-47 所示。窗口将模型旋转至适当位置,选择如图 6-1-48 所示的轴线,然后在主窗口选择如图 6-1-49 所示的轴线,最后单击 确定 按钮,这样就加入了芯轴模型,如图 6-1-50 所示。

 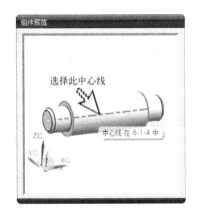

图 6-1-47　　　　　　　　　　　　　图 6-1-48

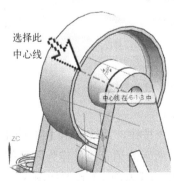 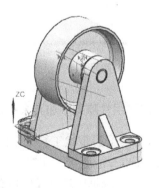

图 6-1-49　　　　　　　　　　　　　图 6-1-50

7. 添加销钉组件

（1）采用上述同样的方法加入销钉零件（6-1-5.prt），然后进行定位，系统出现【装配约束】对话框，选择【类型】下拉复选框中的【接触对齐】选项，在【方位】下拉复选框中选择【首选接触】。窗口将模型旋转至适当位置，选择如图 6-1-51 所示的面，然后在主窗口选择如图 6-1-52 所示的面，完成配对约束。

 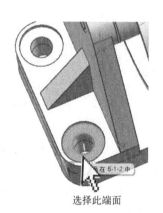

图 6-1-51　　　　　　　　　　　　　图 6-1-52

（2）继续添加约束，选择【类型】下拉复选框中的【接触对齐】选项，在【方位】下拉复选框中选择【自动判断中心轴】。窗口将模型旋转至适当位置，选择如图 6-1-53 所示的轴线，然后在主窗口选择如图 6-1-54 所示的轴线，最后单击 确定 按钮，这样就加入了一个销钉模型，如图 6-1-55 所示。

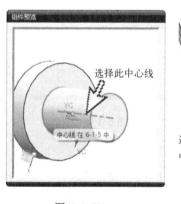 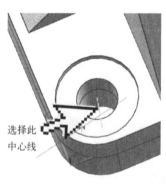 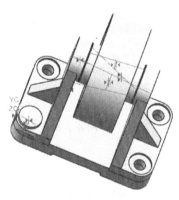

图 6-1-53　　　　　　　　图 6-1-54　　　　　　　　图 6-1-55

8. 创建组件阵列添加其余销钉组件

单击【装配】带状工具条中的 （阵列组件）命令按钮，系统弹出【阵列组件】对话框，如图 6-1-56 所示。在窗口中选择如图 6-1-567 所示的销钉组件作为阵列的对象。在【布局】下拉复选框中选择【线性】。在【阵列定义】里的【方向 1】设置如图 6-1-58，选择

【使用方向 2】，各项设置如图 6-1-59 所示。单击对话框中的 确定 按钮完成其余三个销钉的装配，结果如图 6-1-60 所示。

图 6-1-56

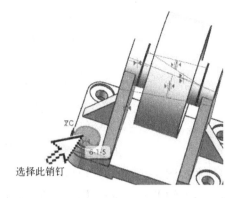

图 6-1-57

图 6-1-58

图 6-1-59

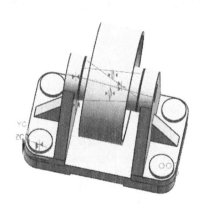

图 6-1-60

6.2 实例二 振摆仪的装配

实例二装配后图形如图 6-2-1 所示。

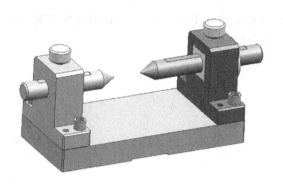

图 6-2-1

通过本实例的练习能够学习到的命令按钮：
（1）学习约束关系为 【对齐|锁定】的装配方法。
（2）学习约束关系为 【平行】的装配方法。
（3）学习【移动组件】对话框中的 【角度】按钮的使用方法。
（4）学习约束关系为 【距离】的装配方法。
（5）学习创建爆炸视图、编辑爆炸试图、显示和隐藏爆炸视图的方法。

1．创建新文件

（1）建立以 T6-2.prt 为文件名，单位为毫米的模型文件。（注意保存新文件的位置与所要装配的源文件在同一文件夹内）

（2）在【上边框条】的任意空白处单击右键，出现下拉菜单，选择【装配】选项，如图 6-2-2 所示，系统在建模模块下引导装入装配模块并在系统界面中出现【装配】带状工具条，如图 6-2-3 所示。

图 6-2-2

图 6-2-3

2．添加底板组件

在【装配】带状工具条中单击 （添加）命令按钮，出现【添加组件】对话框，如图 6-2-4 所示。在对话框中单击 （打开）按钮，出现选择【部件名】对话框，选择解压目录 WCSL\ZP\6-2\6-2-1.prt 文件，如图 6-2-5 所示，然后单击 OK 按钮，主窗口右下角出现一个【组件预览】小窗口，如图 6-2-6 所示。此时，返回到【添加组件】对话框内，在【放置】选项卡中的【定位】下拉复选框中选择【绝对原点】选项，然后单击 确定 按钮完成底座组件的添加，结果如图 6-2-7 所示。

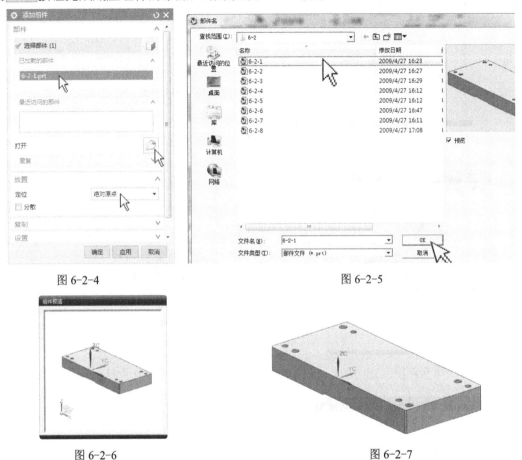

图 6-2-4　　　　　　　　　　　　　　图 6-2-5

图 6-2-6　　　　　　　　　　　　　　图 6-2-7

3. 添加两侧支撑块组件

（1）在【装配】带状工具条中单击 （添加）命令按钮，出现【添加组件】对话框，在对话框中单击 （打开）按钮，出现选择【部件名】对话框。选择解压目录 WCSL\ZP\6-2\6-2-2.prt 文件，然后单击 OK 按钮，主窗口右下角出现一个【组件预览】小窗口，如图 6-2-8 所示。此时，返回到【添加组件】对话框内，在【放置】选项卡中的【定位】下拉复选框中选择【通过约束】选项，然后单击 确定 按钮，出现【装配约束】对话框，如图 6-2-9 所示，在对话框中的【类型】下拉复选框中选择【接触对齐】选项，在【方位】下拉复选框中选择【首选接触】选项。在【组件预览】窗口将模型旋转至适当位置，选择如图 6-2-10 所示的零件底面，然后在主窗口选择图 6-2-11 所示的面，完成配对约束。

（2）继续添加约束，选择【类型】下拉复选框中的【对齐/锁定】选项，在【组件预览】窗口将模型旋转至适当位置，选择如图 6-2-12 所示的边，然后在主窗口选择图 6-2-13 所示的边，完成配对约束。

图 6-2-8

图 6-2-9

图 6-2-10

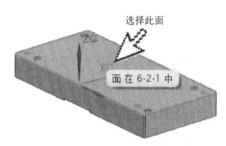

图 6-2-11

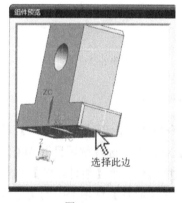

图 6-2-12

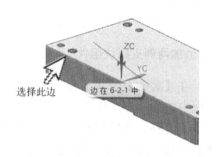

图 6-2-13

(3)继续添加约束,保持【类型】下拉复选框中的【对齐/锁定】选项,在【组件预览】窗口将模型旋转至适当位置,选择如图 6-2-14 所示的零件底面,然后在主窗口选择图 6-2-15 所示的面,完成配对约束,单击 确定 按钮完成左侧侧板的装配,结果如图 6-2-16 所示。

(4)采用步骤(1)~(3)所述的步骤将右侧的支撑块(6-2-3.prt)装配进来,结果如图 6-2-17 所示。

第6章 装　　配

图 6-2-14

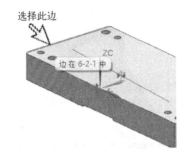

图 6-2-15

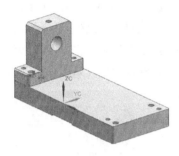

图 6-2-16

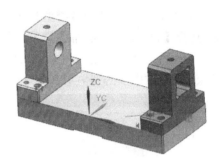

图 6-2-17

4．添加定位螺栓

（1）在【装配】带状工具条中单击 （添加）命令按钮，出现【添加组件】对话框，在对话框中单击（打开）按钮，出现选择【部件名】对话框。选择解压目录 WCSL\ZP\6-2\6-2-8.prt 文件，如图 6-2-18 所示。

图 6-2-18

（2）在对话框中的【类型】下拉复选框中选择【接触对齐】选项，在【方位】下拉复选框中选择【首选接触】选项。在【组件预览】窗口将模型旋转至适当位置，选择如图 6-2-19 所示的零件底面，然后在主窗口选择图 6-2-20 所示的面，完成配对约束。

图 6-2-19　　　　　　　　　　　图 6-2-20

（3）继续添加约束，保持【类型】下拉复选框中选择【接触对齐】选项，在【方位】下拉复选框中选择【自动判断中心/轴】选项。在【组件预览】窗口将模型旋转至适当位置，选择如图 6-2-21 所示的中心线，然后在主窗口选择图 6-2-22 所示的中心线，完成配对约束。最后在【装配约束】对话框中单击 确定 按钮，这样就加入了一个定位螺栓模型，如图 6-2-23 所示。

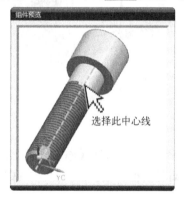
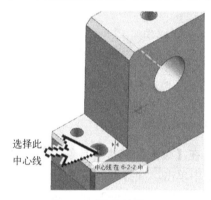

图 6-2-21　　　　　　　　　　　图 6-2-22

（4）采用步骤（1）～（3）所述的步骤将剩余三个定位螺栓装配进来，结果如图 6-2-24 所示。

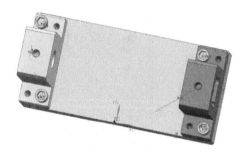

图 6-2-23　　　　　　　　　　　图 6-2-24

5．添加定位块

（1）在【装配】带状工具条中单击 （添加）命令按钮，出现【添加组件】对话框，

在对话框中单击 ![打开] (打开) 按钮, 出现选择【部件名】对话框。选择解压目录 WCSL\ZP\6-2\6-2-6.prt 文件, 如图 6-2-25 所示。

图 6-2-25

(2) 在对话框中的【类型】下拉复选框中选择【接触对齐】选项, 在【方位】下拉复选框中选择【首选接触】选项。在【组件预览】窗口将模型旋转至适当位置, 选择如图 6-2-26 所示的零件底面, 然后在主窗口选择图 6-2-27 所示的面, 完成配对约束。

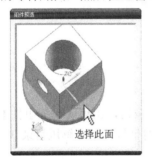 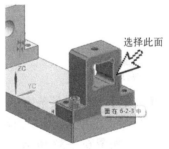

图 6-2-26　　　　　　　　　　　　　　图 6-2-27

(3) 继续添加约束, 保持【类型】下拉复选框中选择【接触对齐】选项, 在【方位】下拉复选框中仍选择【首选接触】选项。在【组件预览】窗口将模型旋转至适当位置, 选择如图 6-2-28 所示的面, 然后在主窗口选择图 6-2-29 所示的面, 完成配对约束。

图 6-2-28　　　　　　　　　　　　　　图 6-2-29

(4) 继续添加约束, 保持【类型】下拉复选框中选择【接触对齐】选项, 在【方位】下拉复选框中选择【自动判断中心/轴】选项。在【组件预览】窗口将模型旋转至适当位置, 选择如

图 6-2-30 所示的中心线，然后在主窗口选择图 6-2-31 所示的中心线，完成配对约束。最后在【装配约束】对话框中单击 确定 按钮，这样就加入了一个定位块的模型，如图 6-2-32 所示。

图 6-2-30

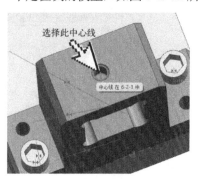

图 6-2-31

图 6-2-32

6．添加左侧顶尖

（1）在【装配】带状工具条中单击 （添加）命令按钮，出现【添加组件】对话框，在对话框中单击 （打开）按钮，出现选择【部件名】对话框，选择解压目录 WCSL\ZP\6-2\6-2-4.prt 文件，如图 6-2-33 所示。

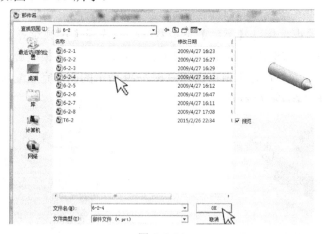

图 6-2-33

（2）在对话框中的【类型】下拉复选框中选择【接触对齐】选项，在【方位】下拉复选框中选择【首选接触】选项。在【组件预览】窗口将模型旋转至适当位置，选择如图 6-2-34 所示的零件外圆柱面，然后在主窗口选择图 6-2-35 所示的内孔面，完成配对约束。

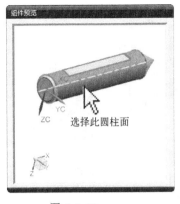 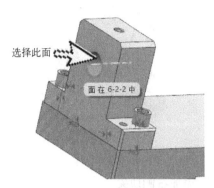

图 6-2-34　　　　　　　　　　图 6-2-35

（3）继续添加约束，选择【类型】下拉复选框中选择【平行】选项，如图 6-2-36 所示。在【组件预览】窗口将模型旋转至适当位置，选择如图 6-2-37 所示的面，然后在主窗口选择图 6-2-38 所示的面，完成配对约束。

 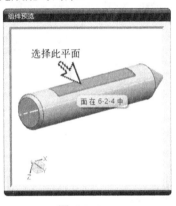 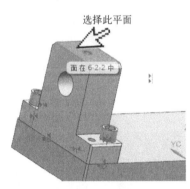

图 6-2-36　　　　　　图 6-2-37　　　　　　图 6-2-38

（4）继续添加约束，选择【类型】下拉复选框中选择【距离】选项，如图 6-2-39 所示。在【组件预览】窗口将模型旋转至适当位置，选择如图 6-2-40 所示的端面，然后在主窗口选择图 6-2-41 所示的端面，然后在【距离】里输入【-15】，最后在【装配约束】对话框中单击 确定 按钮，这样就加入了左侧顶尖模型，如图 6-2-42 所示。

 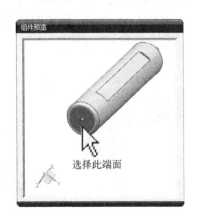

图 6-2-39　　　　　　　　　　图 6-2-40

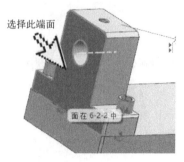 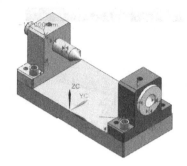

图 6-2-41　　　　　　　　　　　　图 6-2-42

7. 添加右侧顶尖

（1）在【装配】带状工具条中单击 （添加）命令按钮，出现【添加组件】对话框，在对话框中单击 （打开）按钮，出现选择【部件名】对话框，选择解压目录 WCSL\ZP\6-2\6-2-5.prt 文件，如图 6-2-43 所示。

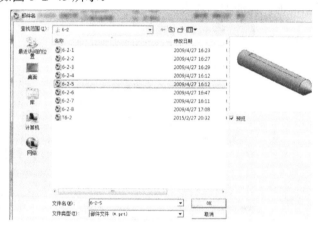

图 6-2-43

（2）在对话框中的【类型】下拉复选框中选择【距离】选项，【要约束的几何体】在【组件预览】窗口将模型旋转至适当位置，选择如图 6-2-44 所示的面，然后再主窗口选择图 6-2-45 所示的面，打开【预览】中的【在主窗口预览组件】看装配图中顶尖方向，如果锥度不指向-X 方向，则单击 （循环上一约束）调整顶尖方向，在【距离】输入【20】，如图 6-2-46 所示，完成配对约束。

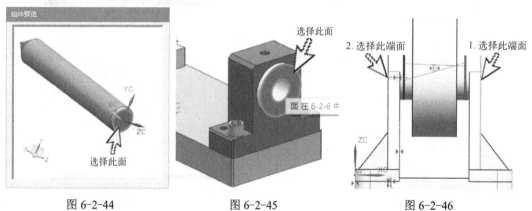

图 6-2-44　　　　　　　图 6-2-45　　　　　　　图 6-2-46

(3) 继续添加约束,在【类型】下拉复选框中选择【接触对齐】选项,在【方位】下拉复选框中选择【自动判断中心/轴】选项。在【组件预览】窗口将模型旋转至适当位置,选择如图 6-2-47 所示的面,完成中心线的选择,然后在主窗口选择图 6-2-48 所示的面,完成中心线的选择,实现配对约束。

图 6-2-47

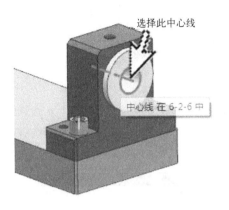
图 6-2-48

(4) 继续添加约束,在【类型】下拉复选框中选择【平行】选项。在【组件预览】窗口将模型旋转至适当位置,选择如图 6-2-49 所示的面,然后在主窗口选择图 6-2-50 所示的面,完成配对约束。单击 确定 按钮完成顶尖的装配,装配结果如图 6-2-51 所示。

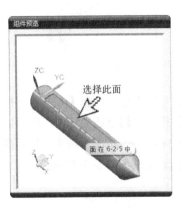
图 6-2-49

图 6-2-50

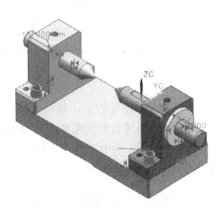
图 6-2-51

8. 添加两个调节螺栓

(1) 在【装配】带状工具条中单击 (添加) 命令按钮,出现【添加组件】对话框,在对话框中单击 (打开) 按钮,出现选择【部件名】对话框,选择解压目录 WCSL\ZP\6-2\6-2-7.prt 文件,如图 6-2-52 所示。

(2) 在对话框中的【类型】下拉复选框中选择【接触对齐】选项,在【方位】下拉复选框中选择【首选接触】选项。在【组件预览】窗口将模型旋转至适当位置,选择如图 6-2-53 所示的零件底面,然后在主窗口选择图 6-2-54 所示的面,完成配对约束。

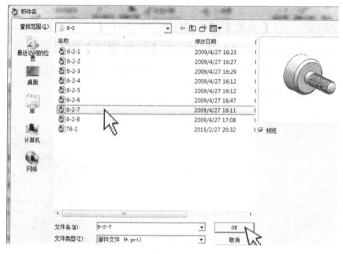

图 6-2-52

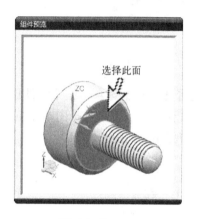

图 6-2-53

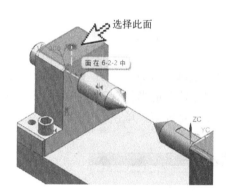

图 6-2-54

（3）继续添加约束，保持【类型】下拉复选框中选择【接触对齐】选项，在【方位】下拉复选框中选择【自动判断中心/轴】选项。在【组件预览】窗口将模型旋转至适当位置，选择如图 6-2-55 所示的中心线，然后在主窗口选择图 6-2-56 所示的中心线，完成配对约束。最后在【装配约束】对话框中单击 确定 按钮，这样就加入了一个定位螺栓模型，如图 6-2-57 所示。

图 6-2-55

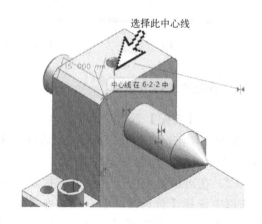

图 6-2-56

(4)按照(1)~(3)相同的方法将右侧调节螺母模型装配进来(或采用镜像装配的方法),装配的结果如图 6-2-58 所示。

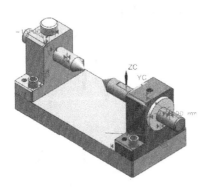
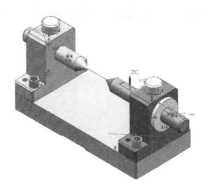

图 6-2-57　　　　　　　　　　　　　　图 6-2-58

9. 创建爆炸图

(1)在【装配】带状工具条中单击 (爆炸图)命令按钮,系统弹出【创建爆炸图】对话框,如图 6-2-59 所示,单击【新建爆炸图】,系统弹出【新建爆炸图】对话框,【名称】栏内默认【Explosion 1】或输入其他名称,如图 6-2-60 所示,单击 确定 按钮。

图 6-2-59　　　　　　　　　　　　　　图 6-2-60

(2)继续单击【装配】带状工具条中单击 (爆炸图)命令按钮,如图 6-2-61 所示,再单击【自动爆炸组件】命令,系统弹出【类选项】对话框,如图 6-2-62 所示。

图 6-2-61　　　　　　　　　　　　　　图 6-2-62

利用鼠标将主窗口中的所有模型框选，单击【类选择】对话框中的 确定 按钮，系统弹出【自动爆炸组件】对话框，如图 6-2-63 所示，在【距离】输入框中输入【100】，单击 确定 按钮，所有模型按照自动的方式爆炸开来，如图 6-2-64 所示。

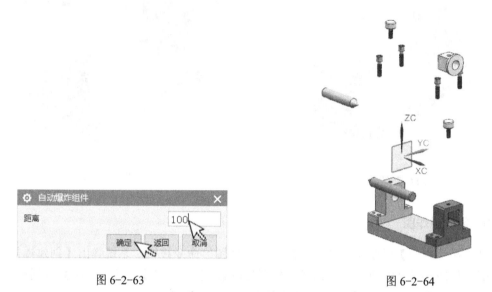

图 6-2-63　　　　　　　　　　　　　　图 6-2-64

（3）继续单击【装配】带状工具条中单击 （爆炸图）命令按钮，如图 6-2-65 所示，再单击【编辑爆炸图】命令，系统弹出【编辑爆炸图】对话框，如图 6-2-66 所示，单击对话框中的【选择对象】单选框。

图 6-2-65　　　　　　　　　　　　　　图 6-2-66

在主窗口中按照图 6-2-67 所示选择要移动的对象，紧接着在【编辑爆炸图】中单击【移动对象】单选框，如图 6-2-68 所示，此时所选择的对象出现动态坐标系，如图 6-2-69 所示。

在主窗口中单击 Z 轴的箭头位置不放并向上方拖动至适当的位置放开鼠标，如图 6-2-70 所示。

单击【编辑爆炸图】中的 确定 按钮，完成一个模型的移动，如图 6-2-71 所示。

（4）按照（2）步骤中所述的相同方法将其他零件移动至适当的位置，如图 6-2-72 所示。

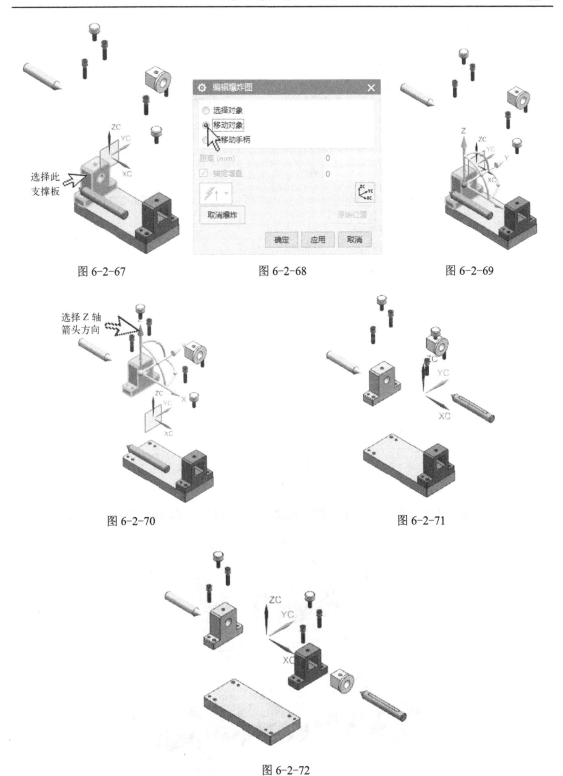

图 6-2-67　　　　　图 6-2-68　　　　　图 6-2-69

图 6-2-70　　　　　　　　　　　图 6-2-71

图 6-2-72

（5）单击菜单栏【装配】|【爆炸图】|【隐藏爆炸图】命令，如图 6-2-73 所示。此时全部模型又重新装配起来恢复原样，如图 6-2-74 所示。如果需要观察爆炸视图，单击菜单栏【装配】|【爆炸图】|【显示爆炸图】命令，如图 6-2-75 所示。

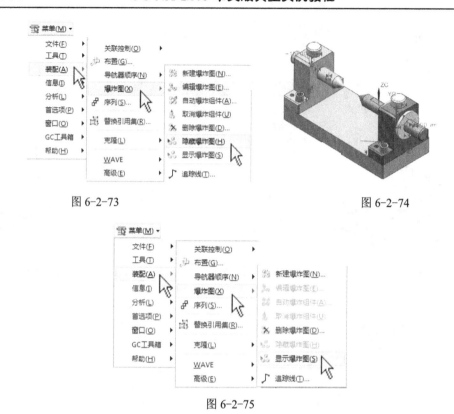

图 6-2-73　　　　　　　　　　　　　　图 6-2-74

图 6-2-75

习　题

图 6-1、图 6-2 为装配练习的效果图，源文件在解压目录 WCSL\ZP\LX1、LX2 内。

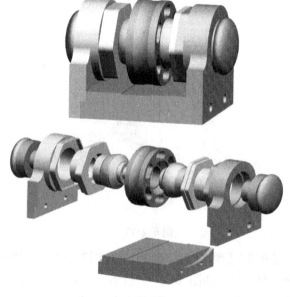

图 6-1

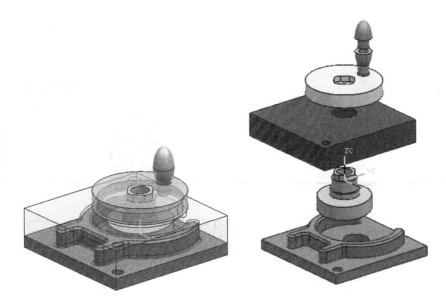

图 6-2

第 7 章

数控加工

 内容介绍

UG NX 10.0 加工模块主要应用于机床的后处理加工中,它能够进行平面铣、型腔铣、固定轴曲面轮廓铣、刻字、孔的加工等多种数控加工操作。本章主要通过实例介绍 UG 加工模块的基本使用方法,构建创建加工程序的主体思路,帮助读者快速掌握 UG NX 10.0 数控加工所必需的基础知识和常用方法。

 学习目标

通过本章实例的练习,使读者能熟练掌握零件二维的加工方法,基本掌握零件三维加工的部分方法、刻字以及孔的加工方法,得到加工所需的理想程序。

7.1 实例一 二维线框加工外轮廓

1. 加工准备

打开网站下载的原始文件（WCSL\JG\T7-1.prt）进行分析，该零件的毛坯为平板件，对轮廓的加工只要针对该轮廓。通过分析可知零件的最小圆角半径为 15mm，所以在选择刀具的时候刀具直径应该小于或等于 $\phi30$。零件的轮廓全是圆弧组成，所以切入和切出零件的进退刀最好采用圆弧进退刀，零件图见图 7-1-1 所示。

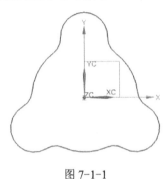

图 7-1-1

2. 加工环境初始化

单击【文件】按钮，在弹出的下拉菜单中选择【启动】里的【加工】，如图 7-1-2 所示。此时，系统弹出【加工环境】对话框，如图 7-1-3 所示，选择其中的【cam_general】和【mill planar】选项并单击 确定 按钮进入加工环境。

图 7-1-2　　　　　　　　　　　　　　图 7-1-3

3. 创建程序

单击【主页】带状工具条中的 (创建程序) 按钮，系统弹出【创建程序】对话框，如图 7-1-4 所示。在对话框中的【类型】下拉复选框中选择【mill_planar】选项，【程序】下拉复选框中选择【NC_PROGRAM】，【名称】输入框中保持默认的【PROGRAM_1】，然后单击 按钮，系统弹出【程序】对话框，如图 7-1-5 所示，单击 按钮，完成 PROGRAM_1 程序的创建。单击屏幕侧面的【工序导航器】观察创建的程序，如图 7-1-6 所示。

图 7-1-4　　　　　　　　图 7-1-5　　　　　　　　图 7-1-6

4. 创建刀具

单击【主页】带状工具条中的 (创建刀具) 命令按钮，系统弹出【创建刀具】对话框，如图 7-1-7 所示。在对话框中的【类型】下拉复选框中保持【mill_planar】选项，在【刀具子类型】选项中单击 (MILL) 按钮，在【名称】输入框中输入【M12】作为刀具的名称，设置完毕后单击 按钮进入【铣刀-5 参数】对话框，如图 7-1-8 所示。在该对话框中的【直径】输入框中输入【12】，其余数值保持不变，然后单击 按钮完成 M12 铣刀的创建。单击【导航器】工具条中的 (机床视图) 按钮，然后单击屏幕侧面的【工序导航器】观察创建的刀具，如图 7-1-9 所示。

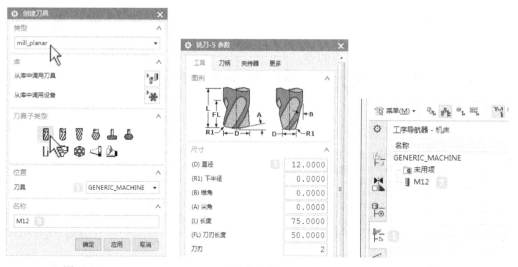

图 7-1-7　　　　　　　　图 7-1-8　　　　　　　　图 7-1-9

5. 创建几何体

单击【主页】带状工具条中的【插入】工具条中的 ▦（创建几何体）命令按钮，系统弹出【创建几何体】对话框，如图 7-1-10 所示。在对话框中的【类型】下拉复选框中保持【mill_planar】选项，在【几何体子类型】选项中点选 ▦（MCS）选项，在【名称】输入框中输入【MCS-1】作为几何体的名称，然后单击 确定 按钮进入【MCS】对话框，如图 7-1-11 所示，在该对话框中的【安全距离】输入框中输入【30】，单击 确定 按钮完成几何体 WCS-1 的创建。单击【导航器】工具条中的 ▦（几何视图）命令按钮，然后单击屏幕侧面的【工序导航器】观察创建的几何体，如图 7-1-12 所示。

图 7-1-10

图 7-1-11

图 7-1-12

6. 创建加工方法

单击【导航器】工具条中的 ▦（加工方法视图）命令按钮，然后单击屏幕侧面的【工序导航器】观察现有的加工方法，在【工序导航器】中双击【MILL_ROUGH】，如图 7-1-13 所示，系统弹出【铣削方法】对话框，如图 7-1-14 所示。在该对话框中的【部件余量】输入框中输入【0.5】，在【刀轨设置】选项卡中单击 ▦（进给）按钮，系统弹出【进给】对话框，如图 7-1-15 所示，在【切削】输入框中输入【150】，单击 确定 按钮返回【铣削方法】对话框，再次单击 确定 按钮完成加工方法的调整。

图 7-1-13

图 7-1-14

图 7-1-15

7. 创建操作

（1）单击【主页】带状工具条中的 (创建工序) 命令按钮，系统弹出【创建工序】对话框，如图 7-1-16 所示。保持该对话框中【类型】下拉复选框的【mill_planar】选项，在【工序子类型】选项中单击 (平面轮廓铣) 按钮，在【程序】、【刀具】、【几何体】和【方法】下拉复选框中分别选择【PROGRAM1】、【M12】、【MCS-1】和【MILL_ROUGH】选项，在【名称】输入框中输入【P1】，然后单击 按钮系统进入【平面轮廓】对话框，如图 7-1-17 所示。

图 7-1-16

图 7-1-17

（2）在【平面轮廓铣】对话框中的【指定部件边界】选项中单击 (选择或编辑部件边界) 按钮，系统弹出【边界几何体】对话框，如图 7-1-18 所示，在【模式】下拉复选框中选择【曲线/边】选项，此时系统弹出【创建边界】对话框，如图 7-1-19 所示。保持各选项的默认状态，然后单击【成链】按钮，系统弹出【成链】对话框，如图 7-1-20 所示。

图 7-1-18

图 7-1-19　　　　　　图 7-1-20

在屏幕中任意选择一个圆弧，如图 7-1-21 所示，紧接着单击【成链】对话框中的按钮，即完成部件边界的选取，如图 7-1-22 所示。

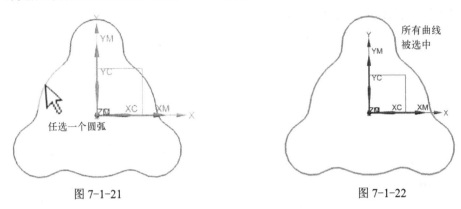

图 7-1-21　　　　　　　　　　　　　图 7-1-22

单击【创建边界】对话框中的 确定 按钮，如图 7-1-18 所示，此时系统返回到【边界几何体】对话框，单击 确定 按钮，系统返回至【平面轮廓铣】对话框，单击 （选择或编辑底平面几何体）按钮，如图 7-1-23 所示，系统弹出【刨】对话框，在【距离】输入框中输入【-1】，如图 7-1-24 所示，单击 确定 按钮生成加工的底平面如图 7-1-25 所示。

图 7-1-23　　　　　　　图 7-1-24　　　　　　　图 7-1-25

（3）按照图 7-1-26 所示，将【平面轮廓铣】对话框中的【刀轴】和【刀轨设置】选项卡设置完毕，单击 （生成）按钮，系统自动生成刀具路径轨迹，如图 7-1-27 所示。

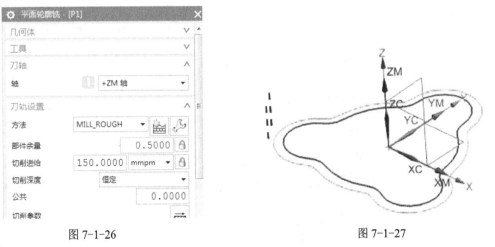

图 7-1-26　　　　　　　　　　　　　图 7-1-27

（4）单击【平面轮廓铣】对话框中的 （确认）按钮，系统弹出【刀轨可视化】对话框，如图 7-1-28 所示。此时屏幕中出现仿真模拟加工环境，如图 7-1-29 所示，单击 ▶

（播放）按钮即可观看仿真模拟加工过程。单击 按钮返回【平面轮廓】对话框，再次单击 确定 按钮完成操作的创建并关闭对话框。

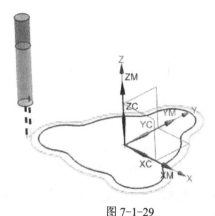

图 7-1-28　　　　　　　　　　　　　　　图 7-1-29

8．生成加工程序

在屏幕侧面的【工序导航器】中单击选中刚刚创建的 P1 程序，如图 7-1-30 所示，然后单击【工序】工具条中的 （后处理）命令按钮，系统弹出【后处理】对话框，如图 7-1-31 所示。选中【后处理器】列表中的【MILL_3_AXIS】选项，单击 确定 按钮完成程序的创建，系统弹出程序信息窗口，如图 7-1-32 所示。

图 7-1-30　　　　　　　　　　　　　　　图 7-1-31

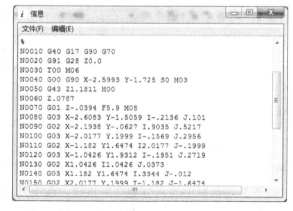

图 7-1-32

7.2 实例二 二维线框加工内轮廓

1. 加工准备

打开网站下载的原始文件（WCSL\JG\T7-2.prt）进行分析，该零件的毛坯为平板件，轮廓围成的内腔需要进行加工。从外形可以明显看出该轮廓为多个圆弧相连而成的封闭轮廓，圆弧的半径较大，可以选择较大的刀具加工。零件如图 7-2-1 所示。

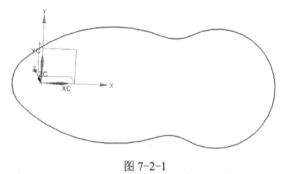

图 7-2-1

2. 加工环境初始化、创建程序、创建刀具、创建几何体、创建加工方法

参照实例一中步骤 2～步骤 6 进行操作。

3. 创建操作

（1）单击【主页】带状工具条中的 ▶ （创建工序）命令按钮，系统弹出【创建工序】对话框，如图 7-2-2 所示。保持该对话框中【类型】下拉复选框的【mill_planar】选项，在【工序子类型】选项中单击 ▶ (平面铣)按钮，在【程序】、【刀具】、【几何体】和【方法】下拉复选框中分别选择【PROGRAM_1】、【M12】、【MCS-1】和【MILL_ROUGH】选项，在【名称】输入框中输入【R1】，然后单击 确定 按钮系统进入【平面铣】对话框，如图 7-2-3 所示。

图 7-2-2

图 7-2-3

（2）在【平面铣】对话框中的【指定毛坯边界】选项中单击 ⊗（选择或编辑毛坯边界）按钮，系统弹出【边界几何体】对话框，如图 7-2-4 所示。在【模式】下拉复选框中选择【曲线/边】选项，此时系统弹出【创建边界】对话框，如图 7-2-5 所示。保持各选项的默认状态，然后单击【成链】按钮，系统弹出【成链】对话框，如图 7-2-6 所示。

图 7-2-4　　　　　　　　　　图 7-2-5　　　　　　　　　　图 7-2-6

在屏幕中任意选择一个圆弧，如图 7-2-7 所示，紧接着单击【成链】对话框中的 <确定> 按钮，即完成部件边界的选取，如图 7-2-8 所示。

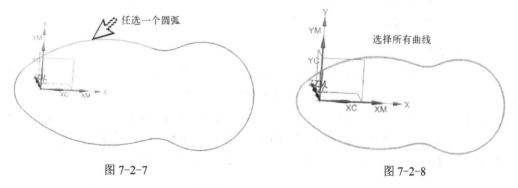

图 7-2-7　　　　　　　　　　　　　　　　图 7-2-8

单击【创建边界】对话框中的 确定 按钮，如图 7-2-5 所示，此时系统返回到【边界几何体】对话框，单击 确定 按钮，系统返回至【平面铣】对话框，单击 ☒（选择或编辑底平面几何体）按钮，如图 7-2-9 所示。紧接着系统弹出【刨】对话框，在【距离】输入框中输入【-1】，如图 7-2-10 所示，单击 确定 按钮，生成加工的底平面如图 7-2-11 所示。

图 7-2-9　　　　　　　　　　图 7-2-10　　　　　　　　　　图 7-2-11

（3）在【平面铣】对话框中的【刀轨设置】选项卡中单击 ▦（非切削移动）按钮，如图 7-2-12 所示，系统弹出【非切削移动】对话框，按照图 7-2-13 所示将【退刀】选项卡中设置完毕，单击 确定 按钮返回【平面铣】对话框。然后单击对话框中的 ▶（生成）按钮，系统自动生成刀具路径轨迹，如图 7-2-14 所示。

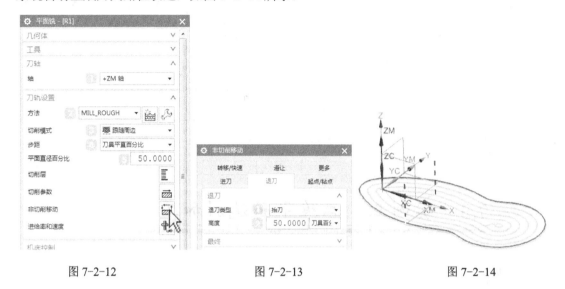

图 7-2-12　　　　　　　　图 7-2-13　　　　　　　　图 7-2-14

（4）单击【跟随轮廓粗加工】对话框中的 ▶（生成）按钮，再单击 ☑（确认）命令按钮，系统弹出【刀轨可视化】对话框，如图 7-2-15 所示。此时屏幕中出现仿真模拟加工环境，如图 7-2-16 所示，单击 ▶（播放）按钮即可观看仿真模拟加工过程。单击 确定 按钮返回【平面轮廓】对话框，再次单击 确定 按钮完成操作的创建并关闭对话框。

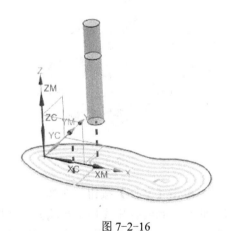

图 7-2-15　　　　　　　　　　　　　　图 7-2-16

4．生成加工程序

在屏幕侧面的【工序导航器】中单击选中刚刚创建的 R1 程序，如图 7-2-17 所示，然后单击【工序】工具条中的 （后处理）命令按钮，系统弹出【后处理】对话框，如图 7-2-18 所示。选中【后处理器】列表中的【MILL_3_AXIS】选项，单击 确定 按钮完成程序的创建，系统弹出程序信息窗口，如图 7-2-19 所示。

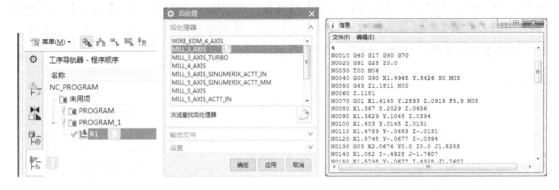

图 7-2-17　　　　　　　　图 7-2-18　　　　　　　　图 7-2-19

7.3　实例三　二维平面铣削加工

1. 加工准备

（1）打开网站下载的原始文件（WCSL\JG\T7-3.prt）进行分析，该零件为内轮廓铣削零件，该零件的左右两个内腔高度不等而且左侧内腔中含有孤岛，加工中还要保证两个行腔加工切换时不能够碰撞中间的圆柱实体。零件图见 7-3-1 所示，零件毛坯的原始文件（WCSL\JG\T7-3mp.prt）如图 7-3-2 所示。

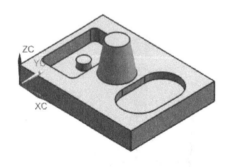 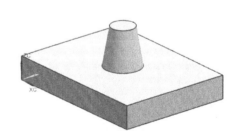

图 7-3-1　　　　　　　　　　　　　　图 7-3-2

（2）单击【文件】按钮，在弹出的下拉菜单中选择【启动】里的【加工】，如图 7-3-3 所示。此时，系统弹出【加工环境】对话框如图 7-3-4 所示，选择其中的【cam_general】和【mill planar】选项并单击 确定 按钮进入加工环境。

（3）现在需要确定使用刀具的半径，前提是一定要小于或等于模型最小拐角的半径。单击 【菜单】按钮中【分析】子菜单里的【NC 助理】命令，如图 7-3-5 所示，系统弹出【NC 助理】对话框，在【分析类型】下拉复选框中选择【拐角】选项，如图 7-3-6 所示。紧接着单击【参考平面】选项的 （平面对话框），系统弹出【刨】对话框，如图 7-3-7 所示，在屏幕中选择如图 7-3-8 所示的平面，然后单击 确定 按钮结束平面的选择并返回【NC

助理】对话框。

图 7-3-3　　　　　　　　　　　　　　　　图 7-3-4

图 7-3-5　　　　　　　　　　　　　　　　图 7-3-6

　　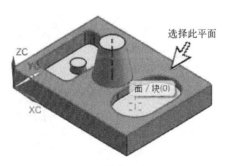

图 7-3-7　　　　　　　　　　　　　　　　图 7-3-8

在屏幕中框选全部对象，实体模型呈高亮显示，单击 应用 按钮，单击【结果】选项中的

（信息）按钮，系统弹出【信息】窗口如图 7-3-9 所示，模型中带有拐角的部分均以其他颜色显示。在窗口中可以查询出最小拐角的数值。由此数值来选择 ϕ12 的刀具作为加工使用的刀具。

图 7-3-9

2. 装配毛坯

（1）单击【文件】按钮，在弹出的下拉菜单中选择【启动】里的【装配】选项，如图 7-3-10 所示。系统在建模模块下引导装入装配模块并在系统界面中出现【装配】工具条。单击【菜单】按钮中的【首选项】子菜单里的【装配】命令，如图 7-3-11 所示，系统弹出【装配首选项】对话框。在该对话框中选择【部件间复制】选项，如图 7-3-12 所示，单击 确定 按钮完成装配首选项的设定。

图 7-3-10　　　　　　　　　　　图 7-3-11

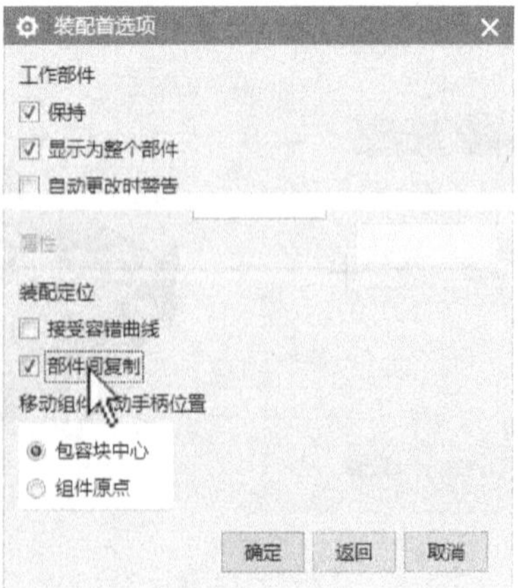

图 7-3-12

（2）在【装配】带状工具条中单击 (添加) 命令按钮，出现【添加组件】对话框，在对话框中单击 (打开) 按钮，出现选择【部件名】对话框，选择网站下载解压后的文件夹 WCSL\T7-3mp.prt 文件。在该对话框中的【放置】选项卡中的【定位】下拉复选框中选择【通过约束】选项，在【设置】选项卡中的【引用集】下拉复选框中选择【模型】选项，如图 7-3-13 所示，单击 按钮进入【装配约束】对话框，如图 7-3-14 所示。在【装配约束】对话框中【类型】中选择 (接触对齐) 再单击【方位】中的 (对齐)，首先在【组件预览】窗口将模型旋转至适当位置，选择如图 7-3-15 所示的面，接着在主窗口选择如图 7-3-16 所示的面，则完成对齐约束。

图 7-3-13

图 7-3-14

图 7-3-15

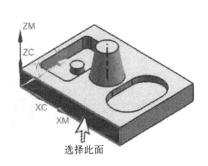

图 7-3-16

继续利用 (对齐) 按钮进行约束。在【组件预览】窗口将模型旋转至适当位置，选择如图 7-3-17 所示的面，接着在主窗口选择如图 7-3-18 所示的面，则完成对齐约束。

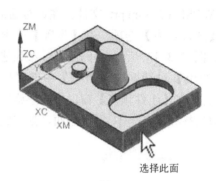

图 7-3-17　　　　　　　　　　　图 7-3-18

继续利用 ▸◂（对齐）图标进行配对。在【组件预览】窗口将模型旋转至适当位置，选择如图 7-3-19 所示的面，接着在主窗口选择如图 7-3-20 所示的面，则完成对齐约束。

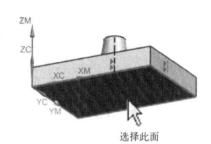

图 7-3-19　　　　　　　　　　　图 7-3-20

最后在【装配约束】对话框中单击 确定 按钮两次，这样就加入了毛坯模型，如图 7-3-21 所示。

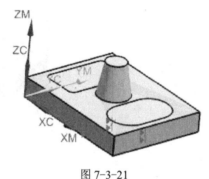

图 7-3-21

3. 定义加工坐标系及 WORKPIECE

（1）单击【导航器】工具条中的 ▦（几何视图）按钮，鼠标移动至屏幕侧面并双击【工序导航器】中的 MCS_MILL 图标，系统弹出【MCS 铣削】对话框，单击【指定 MCS】选

项中的 (CSYS 对话框) 按钮，如图 7-3-22 所示。此时系统弹出【CSYS】对话框，如图 7-3-23 所示，按照图 7-3-24 所示选择圆弧的中心，单击 确定 按钮完成加工坐标系的设定，结果如图 7-3-25 所示。

图 7-3-22

图 7-3-23

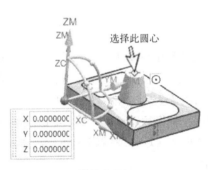
图 7-3-24

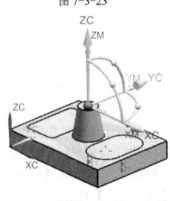
图 7-3-25

此时系统返回【MCS 铣削】对话框，在【安全设置选项】下拉复选框中选择【刨】选项并单击 （平面对话框）按钮，如图 7-3-26 所示。系统弹出【刨】对话框，选择图 7-3-27 所示的上平面。

图 7-3-26

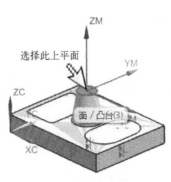
图 7-3-27

在【刨】对话框中的【距离】输入框中输入【50】,如图 7-3-28 所示,单击 确定 按钮完成安全平面的设定,结果如图 7-3-29 所示。系统返回【MCS 铣削】对话框,单击 确定 按钮完成 MCS_MILL 的设定。

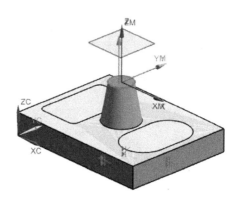

图 7-3-28　　　　　　　　　　　　　　　图 7-3-29

(2) 鼠标移动至屏幕侧面并双击【工序导航器】中的 WORKPIECE 图标,系统弹出【工件】对话框,如图 7-3-30 所示。单击【指定部件】选项中的 (选择或编辑部件几何体)按钮,系统弹出【部件几何体】对话框,如图 7-3-31 所示。在图形中选择零件模型(鼠标移动至模型中按住鼠标不放,出现…后松开),如图 7-3-32 所示。单击 确定 按钮返回【工件】对话框,紧接着单击【指定毛坯】选项中的 (选择或编辑毛坯几何体)按钮,系统弹出【毛坯几何体】对话框,如图 7-3-33 所示。

图 7-3-30　　　　　　　　　　　　　　　图 7-3-31

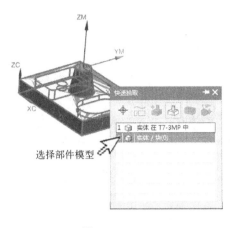

图 7-3-32　　　　　　　　　　　　　　图 7-3-33

在图形中选择毛坯模型（鼠标移动至模型中按住鼠标不放，出现…后松开），如图 7-3-34 所示。单击 确定 按钮返回【工件】对话框，再两次单击 确定 按钮完成加工零件、毛坯的设定。

（3）单击【视图】工具条中的 （隐藏）命令按钮，选择毛坯模型，将其隐藏起来，结果如图 7-3-35 所示。

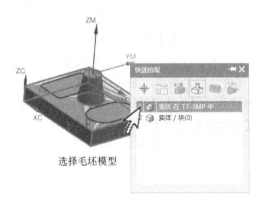
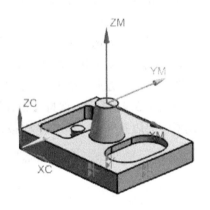

图 7-3-34　　　　　　　　　　　　　　图 7-3-35

4．创建刀具

单击【主页】带状工具条中的 （创建刀具）命令按钮，系统弹出【创建刀具】对话框，如图 7-3-36 所示。在对话框中的【类型】下拉复选框中保持【mill_planar】选项，在【刀具子类型】选项中单击 （MILL）按钮，在【名称】输入框中输入【M12】作为刀具的名称，设置完毕后单击 确定 按钮进入【铣刀-5 参数】对话框，如图 7-3-37 所示。在该对话框中的【直径】输入框中输入【12】，其余数值保持不变，然后单击 确定 按钮完成 M12 铣刀的创建。单击【导航器】工具条中的 （机床视图）命令按钮，然后单击屏幕侧面的【工序导航器】观察创建的刀具，如图 7-3-38 所示。

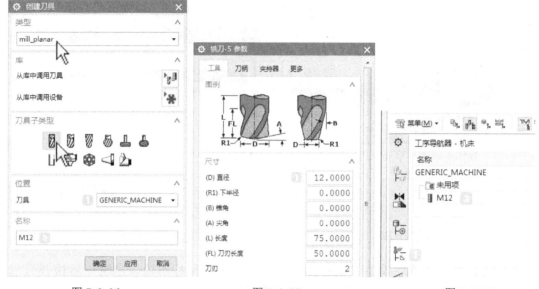

图 7-3-36　　　　　　　　图 7-3-37　　　　　　　　图 7-3-38

5. 创建操作

（1）单击【主页】带状工具条中的 （创建工序）命令按钮，系统弹出【创建工序】对话框，如图 7-3-39 所示。保持该对话框中【类型】下拉复选框的【mill_planar】选项，单击【工序子类型】选项中的 （平面铣）按钮，在【位置】选项卡中按照图 7-3-39 所示设定，【名称】输入框中输入【P1】作为操作的名称。单击 按钮进入【平面铣】对话框，如图 7-3-40 所示。单击 （选择或编辑部件边界）按钮，系统弹出【边界几何体】对话框，如图 7-3-41 所示，保持【模式】下拉复选框的【面】选项，按照图 7-3-42 所示分别选择模型中的边界平面，单击 按钮返回【平面铣】对话框。

图 7-3-39　　　　　　　　　　　　　　　图 7-3-40

图 7-3-41

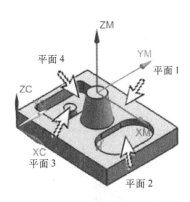

图 7-3-42

（2）单击【刀轨设置】选项卡中的 ▤ （切削层）按钮，如图 7-3-43 所示。系统弹出【切削层】对话框，保持【类型】下拉复选框中的【恒定】选项，在【每刀切削深度】输入框中输入【2】，如图 7-3-44 所示，单击 确定 按钮返回【平面铣】对话框。单击【刀轨设置】选项卡中的 ▨ （切削参数）按钮，系统弹出【切削参数】对话框，如图 7-3-45 所示。在【切削顺序】下拉复选框中选择【深度优先】，单击 确定 按钮返回【平面铣】对话框。

图 7-3-43　　　　　　　　　图 7-3-44　　　　　　　　　图 7-3-45

（3）单击【几何体】选项卡中的 ▧ （选择或编辑底平面几何体）按钮，如图 7-3-46 所示。系统弹出【刨】对话框，如图 7-3-47 所示，按照图 7-3-48 所示选择底平面，单击 确定 按钮返回【平面铣】对话框。然后单击对话框中的 ▶ （生成）按钮，系统自动生成刀具路径轨迹，如图 7-3-49 所示。

图 7-3-46　　　　　　　　　　　　　　图 7-3-47

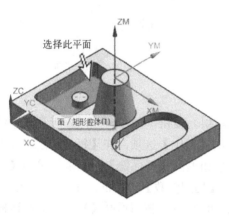
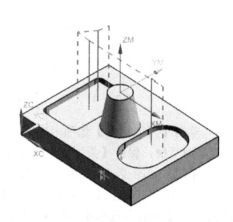

图 7-3-48　　　　　　　　　　　　　　图 7-3-49

（4）单击【平面铣】对话框中的 ![] （生成）按钮，再单击 ![] （确认）按钮，系统弹出【刀轨可视化】对话框，如图 7-3-50 所示，此时屏幕中出现仿真模拟加工环境，如图 7-3-51 所示，选择【2D 动态】选项卡，单击 ![] （播放）按钮即可观看仿真模拟加工过程，仿真加工后的结果如图 7-3-52 所示。单击 ![确定] 按钮返回【平面铣】对话框，再次单击 ![确定] 按钮完成操作的创建并关闭对话框。

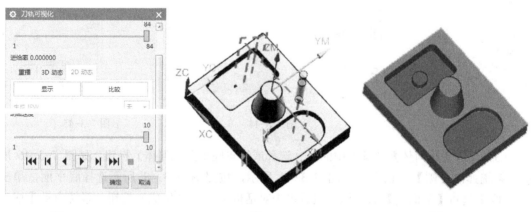

图 7-3-50　　　　　　　　　图 7-3-51　　　　　　　　　图 7-3-52

6. 创建精加工操作

（1）鼠标移动至屏幕侧面，在【工序导航器】中右击选择刚刚创建的 P1 操作程序，弹出快捷菜单，如图 7-3-53 所示。单击【复制】选项，再右击 P1 程序，单击【粘贴】选项，如图 7-3-54 所示。此时【工序导航器】中出现一个【P1_COPY】的复制程序，如图 7-3-55 所示。

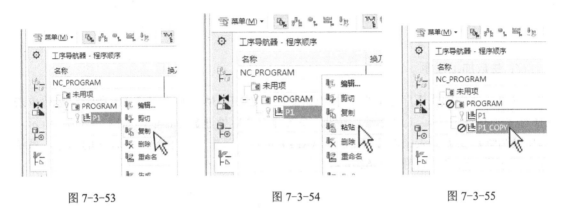

图 7-3-53　　　　　　　　图 7-3-54　　　　　　　　图 7-3-55

依旧右击【P1_COPY】程序，单击【重命名】选项，将名称变更为【P2】，如图 7-3-56 所示。

（2）双击【P2】，系统弹出【平面铣】对话框，单击【刀轨设置】选项卡中的 ▤（切削层）按钮，系统弹出【切削层】对话框。选中【类型】下拉复选框中的【底面及临界深度】选项，如图 7-3-57 所示，单击 确定 按钮返回【平面铣】对话框。

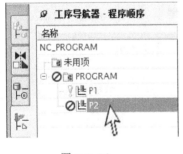 

图 7-3-56　　　　　　　　　　　　　图 7-3-57

（3）单击【刀轨设置】选项卡中的 ▦（切削参数）按钮，系统弹出【切削参数】对话框，单击【余量】选项页，将部件余量设置为【0】，如图 7-3-58 所示。单击 确定 按钮返回【平面铣】对话框，先单击对话框中的 ▶（生成）按钮，再单击对话框中的 ✓（确认）按钮，系统弹出【刀轨可视化】对话框，此时屏幕中出现仿真模拟加工环境，如图 7-3-59 所示。观察仿真加工效果后单击 确定 按钮返回【平面铣】对话框，再次单击 确定 按钮完成精加工程序的创建。

图 7-3-58　　　　　　　　　　　　　图 7-3-59

7. 生成加工程序

在屏幕侧面的【工序导航器】中单击选中 PROGRAM，如图 7-3-60 所示，然后单击【工序】工具条中的（后处理）按钮，系统弹出【后处理】对话框，如图 7-3-61 所示。选中【后处理器】列表中的【MILL_3_AXIS】选项，单击 按钮完成程序的创建，系统弹出程序信息窗口，如图 7-3-62 所示。

　　　　　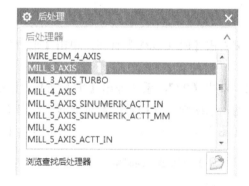

图 7-3-60　　　　　　　　　　　　　图 7-3-61

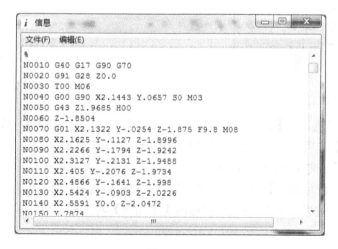

图 7-3-62

7.4 实例四 型腔铣、固定轴曲面轮廓铣加工

1. 加工准备

打开网站下载的原始文件（WCSL\JG\T7-4.prt）进行分析，零件效果如图 7-4-1 所示。该零件的毛坯为长方体方料，工艺路线、加工准备情况见表 7-4-1。

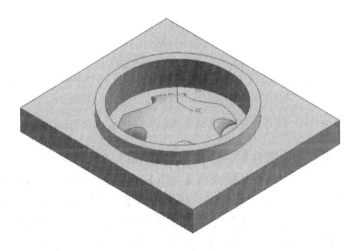

图 7-4-1

表 7-4-1

序号	工 序	操作方法	刀具	方 法	名 称
1	凸台轮廓粗加工	平面铣	M16	MILL_ROUGH	P1
2	凸台轮廓精加工	平面铣	M12	MILL_FINISH	P2
3	中间型腔粗加工	型腔铣	M12	MILL_ROUGH	C1
4	曲面区域精加工	固定轮廓铣	B12	MILL_FINISH	F1
5	精加工侧壁	平面铣	M12	MILL_FINISH	P3
6	精加工底面	平面铣	M12	MILL_FINISH	P4

2. 加工环境初始化

单击【文件】按钮，在弹出的下拉菜单中选择【启动】里的【加工】，如图 7-4-2 所示。此时，系统弹出【加工环境】对话框，如图 7-4-3 所示，选择其中的【cam_general】和【mill planar】选项并单击 <确定> 按钮进入加工环境。

图 7-4-2

图 7-4-3

3. 创建刀具

(1) 单击【主页】带状工具条中的 (创建刀具) 命令按钮,系统弹出【创建刀具】对话框,如图 7-4-4 所示。在对话框中的【类型】下拉复选框中保持【mill_planar】选项,在【刀具子类型】选项中单击 (MILL) 按钮,在【名称】输入框中输入【M16】作为刀具的名称,设置完毕后单击 按钮进入【铣刀-5 参数】对话框,如图 7-4-5 所示。在该对话框中的【直径】输入框中输入【16】,其余数值保持不变,然后单击 按钮完成 M16 铣刀的创建。单击【导航器】工具条中的 (机床视图) 按钮,鼠标移动至屏幕侧面的【工序导航器】观察创建的刀具,如图 7-4-6 所示。

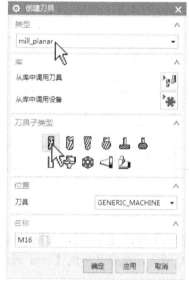

图 7-4-4

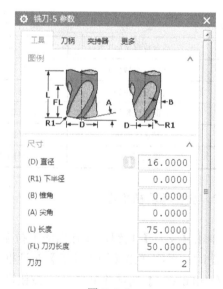

图 7-4-5

(2) 采用上述相同的方法再创建 $\phi 12$ 名称为 M12 和 $\phi 10$ 名称为 M10 的两把立铣刀具，创建的结果如图 7-4-7 所示。

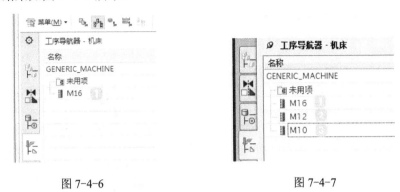

图 7-4-6　　　　　　　　　图 7-4-7

(3) 单击【主页】带状工具条中的 （创建刀具）命令按钮，系统弹出【创建刀具】对话框，如图 7-4-8 所示。选择【类型】下拉复选框中的【mill_contour】选项，在【刀具子类型】选项中单击 （BALL_MILL）按钮，在【名称】输入框中输入【B12】作为刀具的名称，设置完毕后单击 按钮进入【铣刀-球头铣】对话框，如图 7-4-9 所示。在该对话框中的【直径】输入框中输入【12】，其余数值保持不变，然后单击 按钮完成 B12 球铣刀的创建。鼠标移动至屏幕侧面的【工序导航器】观察创建的刀具，如图 7-4-10 所示。

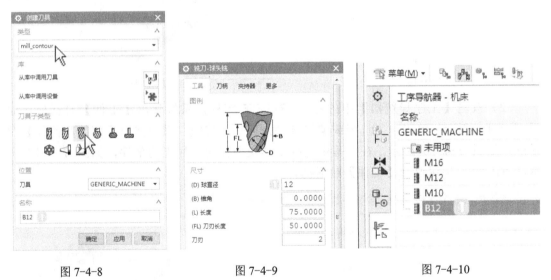

图 7-4-8　　　　　　　　图 7-4-9　　　　　　　　图 7-4-10

4. 定义加工坐标系、安全高度及 WORKPIECE

(1) 单击【导航器】工具条中的 （几何视图）按钮，鼠标移动至屏幕侧面并双击【工序导航器】中的 MCS_MILL 图标，系统弹出【MCS 铣削】对话框，如图 7-4-11 所示，本例中的设计坐标系与加工坐标系重合切在工件正上方的圆心处，所以不用再次调整加工坐标系。在【安全设置】选项卡中的【安全设置选项】下拉复选框中选择【刨】选项，紧接着单击 （平面对话框）按钮，系统弹出【刨】对话框，选择如图 7-4-12 所示的平面，在对话框的【偏置】输入框中输入【50】，如图 7-4-13 所示，单击 确定 按钮完成安全平面的设定，屏幕中出现安全平面预览图形，如图 7-4-14 所示。

图 7-4-11

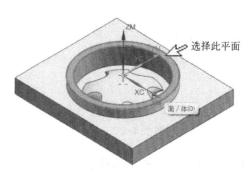

图 7-4-12

图 7-4-13

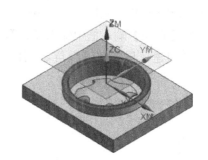

图 7-4-14

（2）双击【工序导航器】中的 WORKPIECE 图标，系统弹出【工件】对话框，如图 7-4-15 所示，单击 （选择或编辑部件几何体）按钮，系统弹出【部件几何体】对话框，如图 7-4-16 所示。在屏幕中选择实体模型作为要加工的部件，如图 7-4-17 所示，单击 确定 按钮返回【工件】对话框。

图 7-4-15

图 7-4-16

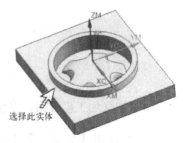

图 7-4-17

紧接着单击 （选择或编辑毛坯几何体）按钮，系统弹出【毛坯几何体】对话框，如图 7-4-18 所示，单击选择【包容块】单选框，实体模型的最大边界同时出现，如图 7-4-19 所示，单击 确定 按钮完成毛坯的选择并返回【工件】对话框，单击 确定 按钮关闭对话框。

图 7-4-18

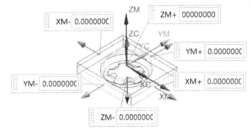

图 7-4-19

5. 凸台轮廓粗加工

（1）单击【主页】带状工具条中的 （创建工序）命令按钮，系统弹出【创建工序】对话框，单击 （平面铣）按钮，按照图 7-4-20 所示将【位置】选项卡中的各下拉复选框设定完毕，在【名称】输入框中输入【P1】后单击 按钮进入【平面铣】对话框，如图 7-4-21 所示。单击 （选择或编辑部件边界）按钮，系统弹出【边界几何体】对话框，在【模式】下拉复选框中选择【曲线/边】选项，如图 7-4-22 所示，系统进入【创建边界】对话框。

图 7-4-20

图 7-4-21

图 7-4-22

（2）首先保持【创建边界】对话框中各选项不变，如图 7-4-23 所示，按照图 7-4-24 所示选择实体边缘，单击对话框中的 按钮，在【刨】下拉复选框中选择【用户定义】选项，如图 7-4-25 所示。此时，系统弹出【刨】对话框，按照图 7-4-26 所示将各选项设定完毕，单击 按钮返回【创建边界】对话框。

图 7-4-23

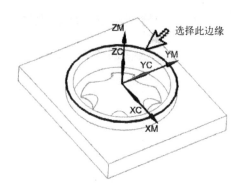

图 7-4-24

图 7-4-25

图 7-4-26

在【创建边界】对话框中的【材料侧】和【刀具位置】下拉复选框中分别选择【外部】和【对中】选项，如图 7-4-27 所示，在屏幕中选择如图 7-4-28 所示的实体边缘，单击 确定 按钮完成部件边界的选择返回【边界几何体】对话框，屏幕的实体模型中出现部件边界的预览图形，如图 7-4-29 所示。再次单击 确定 按钮返回【平面铣】对话框。

图 7-4-27

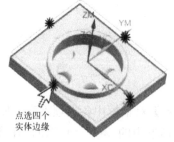

图 7-4-28

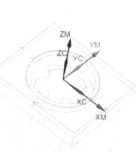

图 7-4-29

(3) 在【平面铣】对话框中单击 （指定底面）按钮，屏幕弹出【刨】对话框，如图 7-4-30 所示。在屏幕中选择如图 7-4-31 所示的平面作为加工的底平面，单击 确定 按钮返回【平面铣】对话框。

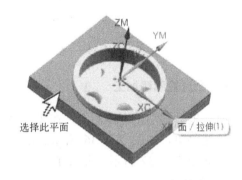

图 7-4-30　　　　　　　　　　　　　　图 7-4-31

(4) 在【平面铣】对话框中的【平面直径百分比】输入框中输入【70】，如图 7-4-32 所示。单击 （切削层）按钮，系统弹出【切削层】对话框，在【每刀切削深度】输入框中输入【2】，如图 7-4-33 所示，单击 确定 按钮返回【平面铣】对话框。单击 （切削参数）按钮，系统弹出【切削参数】对话框，选择【余量】页面，在【部件余量】和【最终底部面余量】输入框中输入【1】，如图 7-4-34 所示，单击 确定 按钮返回【平面铣】对话框。单击【平面铣】对话框中的 （生成）按钮，系统自动生成刀具路径轨迹，如图 7-4-35 所示。

图 7-4-32　　　　　　　　　　　　　　图 7-4-33

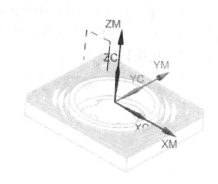

图 7-4-34　　　　　　　　　　　　　　图 7-4-35

6．凸台轮廓精加工

（1）鼠标移动至屏幕侧面，在【工序导航器】中右击选择刚刚创建的 P1 操作程序，弹出快捷菜单，如图 7-4-36 所示。单击【复制】选项，再右击 P1 程序，单击【粘贴】选项，如图 7-4-37 所示。此时【工序导航器】中出现一个【P1_COPY】的复制程序，如图 7-4-38 所示。

图 7-4-36　　　　　　　　　图 7-4-37　　　　　　　　　图 7-4-38

右击【P1_COPY】程序，单击【重命名】选项，将名称变更为【P2】，如图 7-4-39 所示。

（2）双击【P2】，系统弹出【平面铣】对话框，单击【刀轨设置】选项卡中的 （切削层）按钮，系统弹出【切削层】对话框，选中【类型】下拉复选框中的【仅底面】选项，如图 7-4-40 所示，单击 确定 按钮返回【平面铣】对话框。

图 7-4-39　　　　　　　　　　　　　　图 7-4-40

(3)单击【刀轨设置】选项卡中的 (切削参数)按钮,系统弹出【切削参数】对话框,单击【余量】选项页,将【部件余量】、【最终底部面余量】均设置为【0】,如图 7-4-41 所示。单击 按钮返回【平面铣】对话框,单击对话框中的 (生成)按钮,屏幕中出现刀具轨迹,如图 7-4-42 所示,单击 按钮完成精加工程序的创建。

图 7-4-41

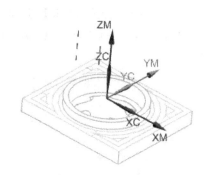

图 7-4-42

7. 中间型腔粗加工

(1)单击【主页】带状工具条中的 (创建工序)命令按钮,系统弹出【创建工序】对话框,在【类型】下拉复选框中选择的【mill_contour】选项,单击【工序子类型】选项中的 (型腔铣)按钮,在【位置】选项卡中按照图 7-4-43 所示设定,【名称】输入框中输入【C1】作为操作的名称。单击 按钮进入【型腔铣】对话框,如图 7-4-44 所示。

图 7-4-43

图 7-4-44

（2）将【型腔铣】对话框中的【刀轨设置】选项卡中各下拉复选框选项按图 7-4-44 设定完毕后，单击 ⊞（切削参数）按钮，屏幕弹出【切削参数】对话框，单击【余量】页面，将【部件侧面余量】和【部件底部面余量】分别设置为【0.5】和【1】，如图 7-4-45 所示，单击 确定 按钮返回【型腔铣】对话框。

（3）单击【型腔铣】对话框中的 ⊞（非切削移动）按钮，屏幕弹出【非切削移动】对话框，单击【传递/快速】页面，在【转移类型】下拉复选框中选择【前一平面】，【安全距离】输入框中输入【3】，如图 7-4-46 所示，单击 确定 按钮返回【型腔铣】对话框。

图 7-4-45

图 7-4-46

（4）单击【型腔铣】对话框中的 ⊞（指定修剪边界）按钮，如图 7-4-47 所示，屏幕弹出【修剪边界】对话框，单击 ∫（曲线）按钮，如图 7-4-48 所示，【修剪侧】选项中单击【外部】单选框，按照图 7-4-49 所示选择实体边界，单击 确定 按钮返回【型腔铣】对话框。

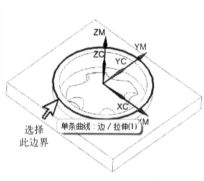

图 7-4-47

图 7-4-48

图 7-4-49

（5）单击【型腔铣】对话框中的 ▶（生成）按钮，屏幕中出现刀具轨迹，如图 7-4-50 所示，单击对话框中的 ▲（确认）按钮，系统弹出【刀轨可视化】对话框，如图 7-4-51 所示。单击【2D 动态】选项页，单击 ▶（播放）按钮即可观看仿真模拟加工过程，如图 7-4-52 所示。单击 确定 按钮返回【型腔铣】对话框，再次单击 确定 按钮完成中间型腔粗加工的操作并关闭对话框。

图 7-4-50　　　　　　　图 7-4-51　　　　　　　图 7-4-52

8. 曲面区域加工

（1）单击【主页】带状工具条中的 （创建工序）命令按钮，系统弹出【创建工序】对话框，在【类型】下拉复选框中选择的【mill_contour】选项，单击【工序子类型】选项中的 （固定轮廓铣）按钮，在【位置】选项卡中按照图 7-4-53 所示设定，【名称】输入框中输入【F1】作为操作的名称。单击 确定 按钮进入【固定轮廓铣】对话框，如图 7-4-54 所示。

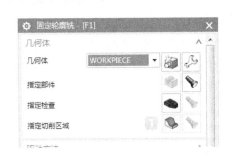

图 7-4-53　　　　　　　　　　　　图 7-4-54

（2）单击（指定切削区域）按钮，系统弹出【切削区域】几何体，如图 7-4-55 所示。在屏幕中选择如图 7-4-56 所示的六个曲面，单击 确定 按钮返回【固定轮廓铣】对话框，在【方法】下拉复选框中选择【区域铣削】选项，如图 7-4-57 所示。此时，屏幕弹出【驱动方法】对话框，如图 7-4-58 所示，单击 确定 按钮，系统弹出【区域铣削驱动方法】对话框。

图 7-4-55

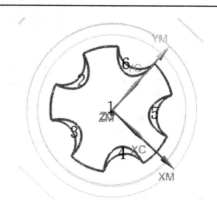

图 7-4-56

图 7-4-57

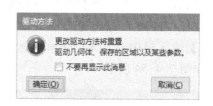

图 7-4-58

在【区域铣削驱动方法】对话框中将各选项按照图 7-4-59 所示设置完毕，单击 确定 按钮返回【固定轮廓铣】对话框，单击对话框中的 ▶（生成）按钮，屏幕中出现刀具轨迹，如图 7-4-60 所示，单击对话框中的 ◓（确认）按钮，系统弹出【刀轨可视化】对话框，单击【2D 动态】选项页，单击 ▶（播放）按钮即可观看仿真模拟加工过程，如图 7-4-61 所示。单击 确定 按钮返回【型腔铣】对话框，再次单击 确定 按钮完成曲面精加工的操作并关闭对话框。

图 7-4-59

图 7-4-60

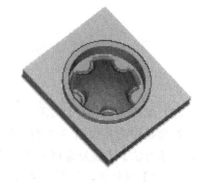

图 7-4-61

9. 精加工侧壁

(1) 单击【主页】带状工具条中的 (创建工序) 按钮,系统弹出【创建工序】对话框。在【类型】下拉复选框中选择【mill_planar】选项,单击 (平面铣) 按钮,按照图 7-4-62 所示将【位置】选项卡中的各下拉复选框设定完毕,在【名称】输入框中输入【P3】后单击 确定 按钮进入【平面铣】对话框,如图 7-4-63 所示。单击 (选择或编辑部件边界) 按钮,屏幕弹出【边界几何体】对话框,在【模式】下拉复选框中选择【曲线/边】选项,如图 7-4-64 所示。

图 7-4-62

图 7-4-63

图 7-4-64

此时屏幕弹出【创建边界】对话框,在【材料侧】下拉复选框中的选择【外部】选项,如图 7-4-65 所示。在屏幕中选择如图 7-4-66 所示实体边缘,单击 确定 按钮返回【边界几何体】对话框,再次单击 确定 按钮返回【平面铣】对话框。

图 7-4-65

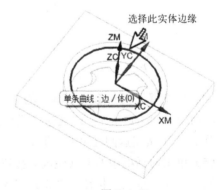
图 7-4-66

(2) 在【平面铣】对话框中单击 (选择或编辑底平面几何体) 按钮,系统弹出【刨】对话框,如图 7-4-67 所示。在屏幕中选择如图 7-4-68 所示的平面作为加工的底平面,单击 确定 按钮返回【平面铣】对话框。

图 7-4-67

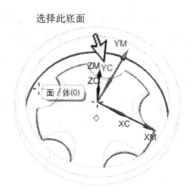

图 7-4-68

（3）在【切削模式】下拉复选框中选择选项，如图 7-4-69 所示。单击 （切削层）按钮，系统弹出【切削层】对话框，在恒定深度【每刀切削深度】输入框中输入【5】，如图 7-4-70 所示，单击 确定 按钮返回【平面铣】对话框。

图 7-4-69

图 7-4-70

（4）单击【平面铣】对话框中的 （非切削移动）按钮，屏幕弹出【非切削移动】对话框，如图 7-4-71 所示。在【进刀类型】下拉复选框中选择【圆弧】选项，其余均保持不变，单击 确定 按钮返回【平面铣】对话框。

（5）单击对话框中的 （生成）按钮，屏幕中出现刀具轨迹，如图 7-4-72 所示，单击对话框中的 （确认）按钮，系统弹出【刀轨可视化】对话框，单击【2D 动态】选项页，单击 （播放）按钮即可观看仿真模拟加工过程。单击 确定 按钮返回【平面铣】对话框，再次点击 确定 按钮完成侧壁精加工的操作并关闭对话框。

图 7-4-71

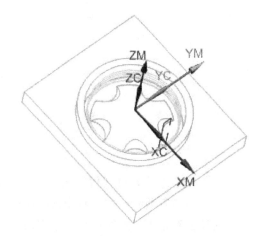

图 7-4-72

10. 精加工底面

(1) 单击【主页】带状工具条中的 （创建工序）图标，屏幕弹出【创建工序】对话框。在【类型】下拉复选框中选择【mill_planar】选项，单击（平面铣）按钮，按照图 7-4-73 所示将【位置】选项卡中的各下拉复选框设定完毕，在【名称】输入框中输入【P4】后单击 确定 按钮进入【平面铣】对话框。单击（选择或编辑部件边界）按钮，系统弹出【边界几何体】对话框，在【模式】下拉复选框中选择【曲线/边】选项，如图 7-4-74 所示。此时屏幕弹出【创建边界】对话框，按照图 7-4-75 所示将各选项设定完毕，在屏幕中选择如图 7-4-76 所示的曲线。

图 7-4-73

图 7-4-74

 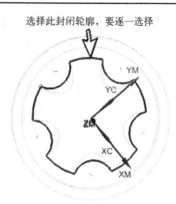

图 7-4-75　　　　　　　　　　　　图 7-4-76

单击【创建边界】对话框中的 创建下一个边界 按钮，将【材料侧】下拉复选框选择为【外部】，如图 7-4-77 所示。在屏幕中选择如图 7-4-78 所示的实体边界，单击 确定 按钮返回【边界几何体】对话框，此时屏幕中出现边界的预览效果，如图 7-4-79 所示，单击 确定 按钮屏幕返回【平面铣】对话框。

 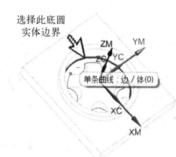 

图 7-4-77　　　　　　　图 7-4-78　　　　　　　图 7-4-79

（2）单击【几何体】选项卡中的 （指定底面）按钮，系统弹出【刨】对话框，按照图 7-4-80 所示选择底平面，单击 确定 按钮返回【平面铣】对话框。然后单击对话框中的 （生成）按钮，系统自动生成刀具路径轨迹，如图 7-4-81 所示。单击 确定 按钮完成中间型腔底平面精加工的操作并关闭对话框。

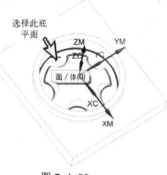 

图 7-4-80　　　　　　　　　　　　图 7-4-81

（3）鼠标移动至屏幕侧面，在自动飞出的【工序导航器】中单击选中【PROGRAM】，如图 7-4-82 所示。单击【工序】工具条中的 （确认刀轨）按钮，系统弹出【刀轨可视化】对话框，单击【2D 动态】选项页，单击 （播放）按钮即可观看仿真模拟加工过程，如图 7-4-83 所示，单击 按钮关闭对话框。

图 7-4-82

图 7-4-83

11. 生成加工程序

在屏幕侧面的【工序导航器】中单击选中【PROGRAM】，然后单击【工序】工具条中的 （后处理）按钮，系统弹出【后处理】对话框，如图 7-4-84 所示。选中【后处理器】列表中的【MILL_3_AXIS】选项，单击 按钮完成程序的创建，系统弹出程序信息窗口，如图 7-4-85 所示。

图 7-4-84

图 7-4-85

7.5 实例五 刻字加工

1. 绘制刻字所用的字体

（1）打开网站下载的原始文件（WCSL\JG\T7-5.prt）进行分析，零件效果如图 7-5-1 所示。该零件的上方有两个点，是用来绘制字体的定位点。单击【文件】按钮，在弹出的下拉菜单中选择【启动】里的【制图】，如图 7-5-2 所示。此时已经进入【制图】模块。如果在屏幕中没有显示模型，单击 菜单(M)·【菜单】按钮中【视图】子菜单中的【显示图纸页】命令，如图 7-5-3 所示，此时实体模型显示在屏幕中。

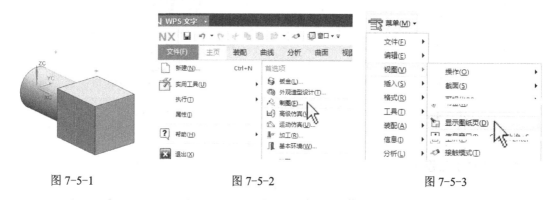

图 7-5-1　　　　　　　图 7-5-2　　　　　　　图 7-5-3

（2）单击【主页】带状工具条中的 A（注释）按钮，屏幕弹出【注释】对话框，如图 7-5-4 所示。在对话框中单击 （清除）按钮，将输入框中的默认文本清除掉，在框内输入【CAD/CAM】文本，并选中该文本将字体大小变更为【3】，如图 7-5-5 所示。单击 A（原点工具）按钮，屏幕弹出【原点工具】对话框，如图 7-5-6 所示。

图 7-5-4　　　　　　　图 7-5-5　　　　　　　图 7-5-6

（3）单击 （点构造器）按钮，在屏幕中选择左侧的单点，如图 7-5-7 所示，屏幕中出现刚刚输入的文本，如图 7-5-8 所示。按照同样的方法在右侧单点的位置绘制【UG NX】文本，如图 7-5-9 所示，单击【注释】对话框中的 关闭 按钮关闭对话框。

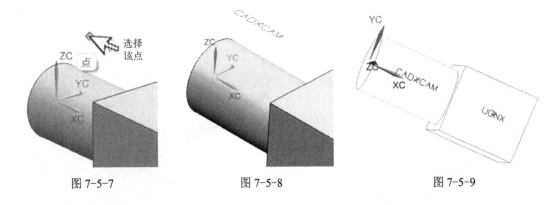

图 7-5-7　　　　　　　　图 7-5-8　　　　　　　　图 7-5-9

2. 加工准备

（1）单击【文件】按钮，在弹出的下拉菜单中选择【启动】里的【加工】，如图 7-5-10 所示。此时系统进入加工环境。

图 7-5-10

（2）单击【导航器】工具条中的 （几何视图）按钮，鼠标移动至屏幕侧面并双击【工序导航器】中的 MCS_MILL 图标，系统弹出【MILL Orient】对话框，单击【指定 MCS】选项中的 （CSYS 对话框）按钮，如图 7-5-11 所示。此时系统弹出【CSYS】对话框，如图 7-5-12 所示，按照图 7-5-13 所示选择实体边缘的中点，单击 确定 按钮完成加工坐标系的设定并返回【MILL Orient】对话框，结果如图 7-5-14 所示。

图 7-5-11

图 7-5-12

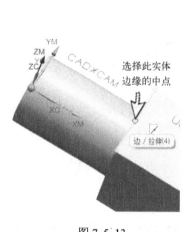
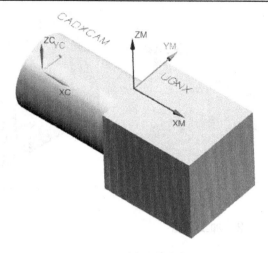

图 7-5-13　　　　　　　　　　　　　　　图 7-5-14

（3）在【MILL Orient】对话框中【安全设置】选项卡内的【安全设置选项】下拉复选框中选择【刨】选项，紧接着单击 ![] （平面对话框）按钮，系统弹出【刨】对话框，选择如图 7-5-15 所示的平面，在对话款的【偏置】输入框中输入【50】，如图 7-5-16 所示，单击 ![确定] 按钮完成安全平面的设定，屏幕中出现安全平面预览图形，如图 7-5-17 所示，此时系统返回【MILL Orient】对话框，再次单击 ![确定] 按钮完成加工坐标系和安全平面的设定并关闭对话框。

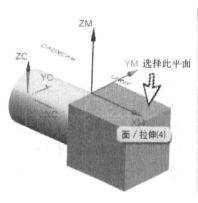
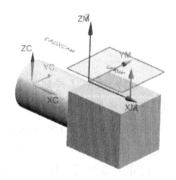

图 7-5-15　　　　　　　　图 7-5-16　　　　　　　　图 7-5-17

（4）鼠标移动至屏幕侧面并双击【工序导航器】中的 WORKPIECE 图标，系统弹出【铣削几何体】对话框，如图 7-5-18 所示。单击【指定部件】选项中的 ![] （选择或编辑部件几何体）按钮，系统弹出【部件几何体】对话框。在图形中选择零件模型，如图 7-5-19 所示，单击 ![确定] 按钮返回【铣削几何体】对话框。紧接着单击【指定毛坯】选项中的 ![] （选择或编辑毛坯几何体）按钮，系统弹出【毛坯几何体】对话框，再次选择零件模型，如图 7-5-19 所示，单击 ![确定] 按钮返回【铣削几何体】对话框，再次单击 ![确定] 按钮完成部件和毛坯的选择并关闭对话框。

第7章 数控加工   241

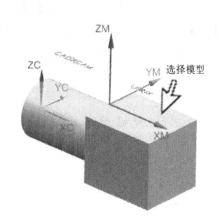

图 7-5-18　　　　　　　　　　　　　图 7-5-19

3. 创建刀具

单击【主页】带状工具条中的 （创建刀具）命令按钮，系统弹出【创建刀具】对话框，如图 7-5-20 所示。选择【类型】下拉复选框中的【mill_planar】选项，在【刀具子类型】选项中单击 （BALL_MILL）按钮，在【名称】输入框中输入【B2】作为刀具的名称，设置完毕后单击 确定 按钮进入【铣刀-球头铣】对话框，如图 7-5-21 所示。在该对话框中的【直径】输入框中输入【2】，其余数值保持不变，然后单击 确定 按钮完成 B2 球铣刀的创建。鼠标移动至屏幕侧面的【工序导航器】观察创建的刀具，如图 7-5-22 所示。

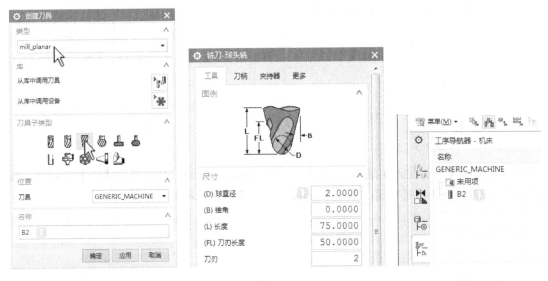

图 7-5-20　　　　　　　　图 7-5-21　　　　　　　　图 7-5-22

4. 创建平面刻字操作

（1）单击【主页】带状工具条中的 （创建工序）命令按钮，系统弹出【创建工序】对话框，在【类型】下拉复选框中选择的【mill_planar】选项，单击【工序子类型】选项中

的 ![A] (平面文本) 按钮，在【位置】选项卡中按照图 7-5-23 所示设定，【名称】输入框中输入【P1】作为操作的名称。单击 确定 按钮进入【平面文本】对话框，如图 7-5-24 所示。

图 7-5-23　　　　　　　　　　　　　图 7-5-24

（2）单击对话框中的 A （选择或编辑制图文本几何体）按钮，屏幕弹出【文本几何体】对话框，如图 7-5-25 所示，按照图 7-5-26 所示选择文本，单击 确定 按钮返回【平面文本】对话框。

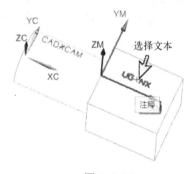

图 7-5-25　　　　　　　　　　　　　图 7-5-26

（3）单击【平面文本】选项卡中的 ![图标] （指定底面）按钮，系统弹出【刨】对话框，按照图 7-5-27 所示选择底平面，单击 确定 按钮返回【平面文本】对话框。

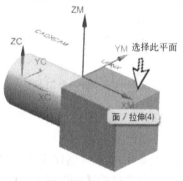

图 7-5-27

(4) 在【刀具设置】选项卡中的【文本深度】输入框中输入【1】,如图 7-5-28 所示,先单击对话框中的 ▶（生成）按钮,再单击对话框中的 ▲（确认）按钮,系统弹出【刀轨可视化】对话框,屏幕出现刀具轨迹,如图 7-5-29 所示。单击【2D 动态】选项页,单击 ▶（播放）按钮即可观看仿真模拟加工过程,如图 7-5-30 所示。单击 确定 按钮返回【平面文本】对话框,再次单击 确定 按钮完成平面刻字的操作并关闭对话框。

图 7-5-28

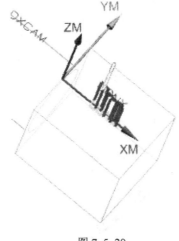

图 7-5-29

图 7-5-30

5. 创建曲面刻字操作

(1) 单击【主页】带状工具条中的 ▶（创建工序）图标,系统弹出【创建工序】对话框,在【类型】下拉复选框中选择的【mill_contour】选项,单击【工序子类型】选项中的 A（轮廓文本）按钮,在【位置】选项卡中按照图 7-5-31 所示设定,【名称】输入框中输入【C1】作为操作的名称。单击 确定 按钮进入【轮廓文本】对话框,如图 7-5-32 所示。

(2) 单击对话框中的 A（指定制图文本）按钮,屏幕弹出【文本几何体】对话框,按照图 7-5-33 所示选择文本,单击 确定 按钮返回【轮廓文本】对话框。

图 7-5-31

图 7-5-32

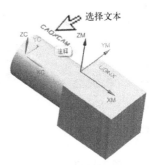

图 7-5-33

（3）在【刀具设置】选项卡中，单击 (切削参数) 按钮，屏幕弹出【切削参数】对话框，单击【策略】页面，将【文本深度】输入框中输入【1】，如图 7-5-34 所示，单击 按钮返回【轮廓文本】对话框。先单击对话框中的 (生成) 按钮，单击对话框中的 (确认) 按钮，系统弹出【刀轨可视化】对话框，屏幕出现刀具轨迹，如图 7-5-35 所示，单击【2D 动态】选项页，单击 (播放) 按钮即可观看仿真模拟加工过程，如图 7-5-36 所示。单击 按钮返回【轮廓文本】对话框，再次单击 按钮完成曲面刻字的操作并关闭对话框。

图 7-5-34

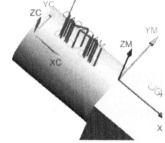

图 7-5-35

图 7-5-36

6. 生成加工程序

在屏幕侧面的【工序导航器】中单击选中【PROGRAM】，如图 7-5-37 所示。然后单击【工序】工具条中的 (后处理) 命令按钮，系统弹出【后处理】对话框，如图 7-5-38 所示。选中【后处理器】列表中的【MILL_3_AXIS】选项，单击 按钮完成程序的创建，系统弹出程序信息窗口，如图 7-5-39 所示。

图 7-5-37

图 7-5-38

图 7-5-39

7.6 实例六 孔的加工

1. 加工准备

(1) 打开网站下载的原始文件（WCSL\JG\T7-6.prt）进行分析，零件效果如图 7-6-1 所示。中间为 $\phi 10$ 的通孔，周围的四个为沉头孔，沉头直径为 $\phi 14$，沉头深度为 4mm，孔径为 $\phi 8$。

(2) 加工工艺见表 7-6-1 所示。

表 7-6-1

序号	工序	操作方法	刀具	刀具规格	加工部位	操作名称
1	点钻	SPOT_DRILLING	SPOTDRILLING_TOOL_D6	$\phi 6$	5 个孔	SPOT_DRILLING
2	钻孔	PECK_DRILLING	DRILLING_TOOL_D9.8	$\phi 9.8$	中部的单孔	PECK_DRILLING
3	钻孔	DRILLING	DRILLING_TOOL_D8	$\phi 8$	周围的 4 个孔	DRILLING
4	铰孔	REAMING	REAMER_D10	$\phi 10H7$	中部的单孔	REAMING
5	锪孔	COUNTERBORING	COUNTERBORING_TOOL_D10	$\phi 14$	周围的 4 个孔	COUNTERBORING

2. 定义加工坐标系、安全高度及 WORKPIECE

(1) 单击【文件】按钮，在弹出的下拉菜单中选择【启动】里的【加工】，如图 7-6-2 所示。此时，系统弹出【加工环境】对话框，如图 7-6-3 所示，选择其中的【cam_general】和【drill】选项并单击 确定 按钮进入加工环境。

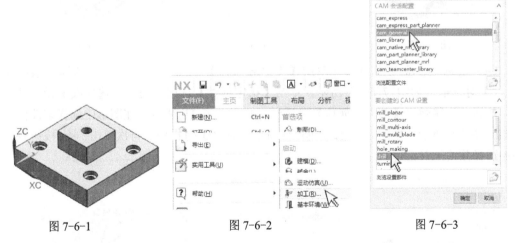

图 7-6-1　　　　　　图 7-6-2　　　　　　图 7-6-3

(2) 单击【导航器】工具条中的 （几何视图）按钮，移动鼠标至屏幕侧面，双击 MCS_MILL 图标，系统弹出【MCS 铣削】对话框，如图 7-6-4 所示。单击【指定 MCS】选项中的 （CSYS 对话框）按钮，此时系统弹出【CSYS】对话框，按照图 7-6-5 所示选择中间的孔心，单击 确定 按钮完成加工坐标系的设定并返回【MCS 铣削】对话框，结果如

图 7-6-6 所示。

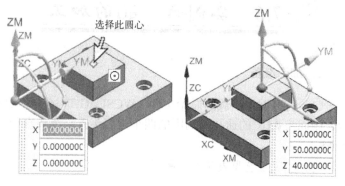

图 7-6-4　　　　　　　图 7-6-5　　　　　　　图 7-6-6

（3）在【MCS 铣削】对话框中【安全设置】选项卡内的【安全设置选项】下拉复选框中选择【刨】选项，紧接着单击 按钮，系统弹出【刨】对话框，选择如图 7-6-7 所示的平面，在对话款的【偏置】输入框中输入【50】，如图 7-6-8 所示，单击 确定 按钮完成安全平面的设定，屏幕中出现安全平面预览图形，如图 7-6-9 所示，此时系统返回【MILL Orient】对话框，再次单击 确定 按钮完成加工坐标系和安全平面的设定并关闭对话框。

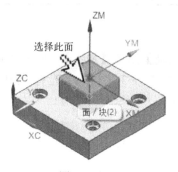

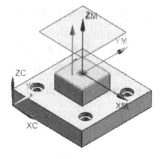

图 7-6-7　　　　　　　图 7-6-8　　　　　　　图 7-6-9

（4）鼠标移动至屏幕侧面并双击【工序导航器】中的 WORKPIECE 图标，系统弹出【工件】对话框，如图 7-6-10 所示。单击【指定部件】选项中的 （选择或编辑部件几何体）按钮，系统弹出【部件几何体】对话框，如图 7-6-11 所示。在图形中选择零件模型，如图 7-6-12 所示，单击 确定 按钮返回【铣削几何体】对话框，再次单击 确定 按钮完成部件的选择并关闭对话框。

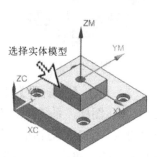

图 7-6-10　　　　　　　图 7-6-11　　　　　　　图 7-6-12

2. 创建刀具

（1）单击【主页】带状工具条中的 （创建刀具）按钮，屏幕弹出【创建刀具】对话框。保持【类型】下拉复选框中的【drill】选项，在【刀具子类型】选项卡中单击选择 （SPOTDRILLING_TOOL）按钮，在【名称】框内输入【SPOTDRILLING_TOOL_D6】，如图 7-6-13 所示。单击 确定 按钮进入【钻刀】对话框，将【直径】输入框内输入【6】，如图 7-6-14 所示。单击 确定 按钮完成中心钻的创建，结果如图 7-6-15 所示。

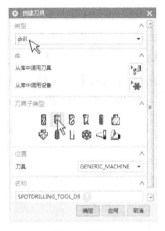
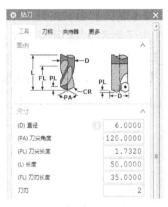

图 7-6-13　　　　　　　　　　　　图 7-6-14

（2）单击【主页】带状工具条中的 （创建刀具）按钮，屏幕弹出【创建刀具】对话框。在【刀具子类型】选项卡中单击选择 （DRILLING_TOOL）按钮，在【名称】框内输入【DRILLING_TOOL_D9.8】，如图 7-6-16 所示。单击 确定 按钮进入【钻刀】对话框，在【直径】输入框内输入【9.8】，单击 确定 按钮完成 $\phi 9.8$ 钻头的创建，结果如图 7-6-17 所示。

（3）按照上部的相同操作方法创建 $\phi 8$ 的钻头，名称为【DRILLING_TOOL_D8】，创建的结果如图 7-6-18 所示。

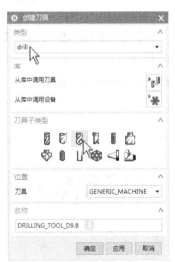

图 7-6-15　　　　　　　　　　　　图 7-6-16

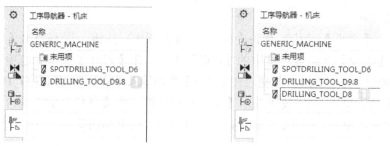

图 7-6-17　　　　　　　　　　　图 7-6-18

（4）单击【主页】带状工具条中的 （创建刀具）按钮，屏幕弹出【创建刀具】对话框。在【刀具子类型】选项卡中单击选择 （REAMER）按钮，在【名称】框内输入【REAMER_D10】，如图 7-6-19 所示。单击 按钮进入【钻刀】对话框，将【直径】输入框内输入【10】，单击 按钮完成φ10 铰刀的创建，结果如图 7-6-20 所示。

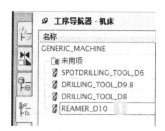

图 7-6-19　　　　　　　　　　　图 7-6-20

（5）单击【主页】带状工具条中的 （创建刀具）按钮，屏幕弹出【创建刀具】对话框。在【刀具子类型】中单击选择 （COUNTERBORING_TOOL）按钮，在【名称】框内输入【COUNTERBORING_TOOL_D14】，如图 7-6-21 所示。单击 按钮进入【钻刀】对话框，将【直径】输入框内输入【14】，单击 按钮完成φ14 锪孔刀的创建，结果如图 7-6-22 所示。

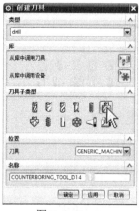
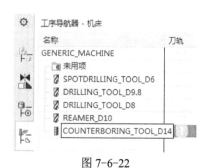

图 7-6-21　　　　　　　　　　　图 7-6-22

3. 创建中心孔

(1) 单击【主页】带状工具条中的 (创建工序) 按钮，系统弹出【创建工序】对话框。选择【类型】下拉复选框中的【drill】选项，单击【工序子类型】中的 (定心钻) 按钮，【位置】选项卡中的各选项按照图 7-6-23 所示设置完毕，并在【名称】框内保持默认的【SPOT_DRILLING】作为操作的名称，单击 按钮进入【定心钻】对话框，如图 7-6-24 所示。

图 7-6-23

图 7-6-24

(2) 单击【定心钻】对话框中的 （选择或编辑孔几何体）按钮，屏幕弹出【点到点几何体】对话框，如图 7-6-25 所示。单击【选择】按钮，按照图 7-6-26 所示分别选择 5 个孔的外圆，单击 按钮返回【点到点几何体】对话框，再次单击 按钮返回【定心钻】对话框。

图 7-6-25

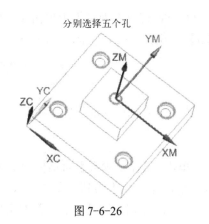

图 7-6-26

（3）选择【定心钻】对话框中的【循环】下拉复选框中的【标准钻】或单击旁边的 （编辑参数）按钮，如图 7-6-27 所示。此时屏幕弹出【指定参数组】对话框，如图 7-6-28 所示，单击 确定 按钮，屏幕弹出【Cycle 参数】对话框，如图 7-6-29 所示。单击对话框中的【Depth】按钮，屏幕弹出如图 7-6-30 所示的【Cycle 深度】对话框。

图 7-6-27　　　　　　　　　　　　　　图 7-6-28

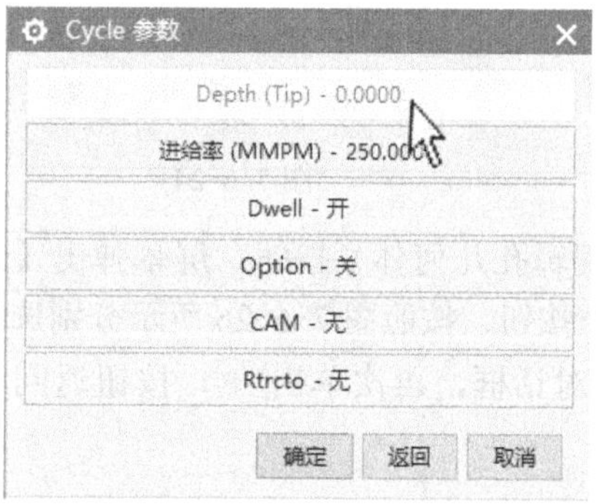

图 7-6-29 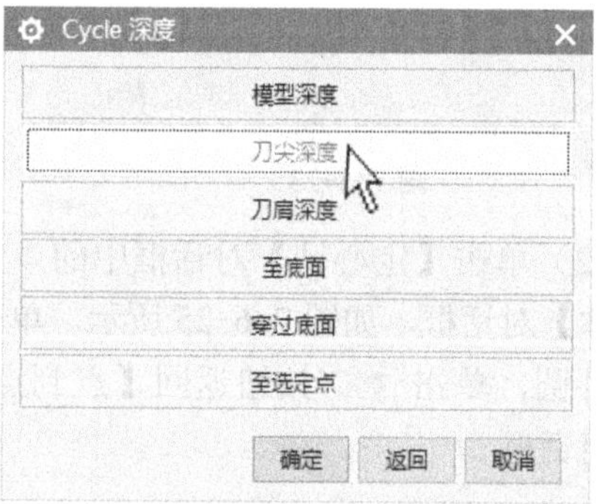　　　　　　　　　　　　　　图 7-6-30

在【Cycle 深度】对话框中单击【刀尖深度】按钮，在弹出对话框的【深度】输入框中输入【3】，如图 7-6-31 所示，单击 确定 按钮返回【Cycle 参数】对话框。

图 7-6-31

（4）单击【Cycle 参数】对话框中的【Rtrcto】按钮，如图 7-6-32 所示，在屏幕弹出的对话框中单击【自动】按钮，如图 7-6-33 所示。此时系统自动返回【Cycle 参数】对话框，单击 确定 按钮返回【定心钻】对话框。

第 7 章 数控加工　　251

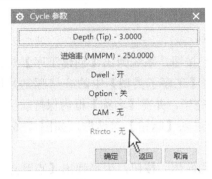

图 7-6-32

图 7-6-33

（5）在【定心钻】对话框中的【最小安全距离】输入框内输入【3】，如图 7-6-34 所示，单击 （进给率和速度）按钮，屏幕弹出【进给率和速度】对话框。首先将【主轴转速】复选框选中，然后在旁边的数值输入框中输入【1200】，在【切削】数值输入框中输入【100】，如图 7-6-35 所示，单击 确定 按钮返回【点钻】对话框。

图 7-6-34

图 7-6-35

（6）单击【定心钻】对话框中的 （生成）按钮，屏幕中出现生成的刀具路径，如图 7-6-36 所示，单击 确定 按钮完成中心孔操作的创建并关闭对话框。

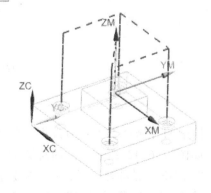

图 7-6-36

4. 钻中间 φ9.8 通孔

(1) 单击【主页】带状工具条中的 ▓（创建工序）按钮，系统弹出【创建工序】对话框。选择【类型】下拉复选框中的【drill】选项，单击【工序子类型】中的 ▓（啄钻）按钮，【位置】选项卡中的各选项按照图 7-6-37 所示设置完毕，并在【名称】框内保持默认的【PECK_DRILLING】作为操作的名称，单击 ▓ 按钮进入【啄钻】对话框，如图 7-6-38 所示。

(2) 单击【啄钻】对话框中的 ▓（选择或编辑孔几何体）按钮，屏幕弹出【点到点几何体】对话框，单击【选择】按钮，按照图 7-6-39 所示选择实体孔的外圆，单击 ▓ 按钮返回【点到点几何体】对话框，再次单击 ▓ 按钮返回【啄钻】对话框。

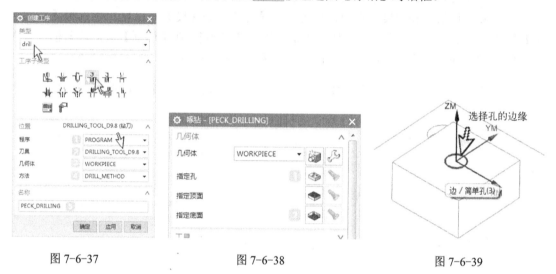

图 7-6-37　　　　　图 7-6-38　　　　　图 7-6-39

(3) 单击【啄钻】对话框中的 ▓（选择或编辑底面几何体）按钮，屏幕弹出如图 7-6-40 所示的【底面】对话框，将模型的位置进行旋转调整，选择如图 7-6-41 所示的平面，单击 ▓ 按钮返回【啄钻】对话框。

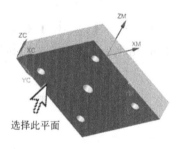

图 7-6-40　　　　　　　　　　图 7-6-41

(4) 选择【啄钻】对话框中的【循环】下拉复选框中的【标准钻，深孔】或单击旁边的 （编辑参数）按钮，如图 7-6-42 所示。此时屏幕弹出【指定参数组】对话框，如图 7-6-28 所示，单击 ▓ 按钮，屏幕弹出【Cycle 参数】对话框，如图 7-6-29 所示。单击对话框中的【Depth】按钮，屏幕弹出如图 7-6-43 所示的【Cycle 深度】对话框，单击【穿过底面】按钮，系统返回【Cycle 参数】对话框，如图 7-6-44 所示。

图 7-6-42　　　　　　　　　　　　　　图 7-6-43

单击【Cycle 参数】对话框中的【Step 值】按钮，屏幕弹出如图 7-6-45 所示的对话框，在【Step #1】输入框中输入【5】，单击 确定 按钮系统返回【Cycle 参数】对话框，再次单击 确定 按钮系统返回【啄钻】对话框。

图 7-6-44　　　　　　　　　　　　　　图 7-6-45

（5）单击【啄钻】对话框【刀轨设置】选项卡中的 （进给率和速度）按钮，屏幕弹出【进给率和速度】对话框。首先将【主轴转速】复选框选中，然后在旁边的数值输入框中输入【600】，在【切削】数值输入框中输入【70】，如图 7-6-46 所示，单击 确定 按钮返回【啄钻】对话框。单击 （生成）按钮，屏幕中出现生成的刀具路径，如图 7-6-47 所示，单击 确定 按钮完成中间钻 ϕ9.8 通孔的创建并关闭对话框。

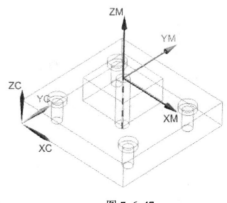

图 7-6-46　　　　　　　　　　　　　　图 7-6-47

5. 钻周围 ϕ8 的通孔

（1）单击【主页】带状工具条中的 ▾ （创建工序）按钮，系统弹出【创建工序】对话框。选择【类型】下拉复选框中的【drill】选项，单击【工序子类型】中的 ⋃ （钻孔）按钮，【位置】选项卡中的各选项按照图 7-6-48 所示设置完毕，并在【名称】框内输入【DRILLING】作为操作的名称，单击 确定 按钮进入【钻孔】对话框，如图 7-6-49 所示。

图 7-6-48

图 7-6-49

（2）单击【钻孔】对话框中的 ◈ （选择或编辑孔几何体）按钮，屏幕弹出【点到点几何体】对话框。单击【选择】按钮，屏幕弹出如图 7-6-50 所示对话框并单击【面上所有孔】按钮，屏幕弹出如图 7-6-51 所示对话框并按照图 7-6-52 所示选择实体平面。先后单击图 7-6-51、7-6-50 所示对话框中的 确定 按钮返回【点到点几何体】对话框。

图 7-6-50

图 7-6-51

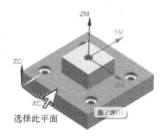

图 7-6-52

(3)单击【点到点几何体】对话框中的【优化】按钮,如图 7-6-53 所示,单击如图 7-6-54 所示对话框中的【最短刀轨】按钮,紧接着单击如图 7-6-55 所示对话框中的【优化】按钮。然后单击如图 7-6-56 所示对话框中的【接受】按钮,系统自动返回【点到点几何体】对话框,单击 确定 按钮返回【钻孔】对话框。

图 7-6-53

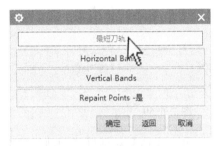

图 7-6-54

图 7-6-55

图 7-6-56

(4)单击【钻孔】对话框中的 ◆ (选择或编辑底面几何体)按钮,屏幕弹出如图 7-6-57 所示的【底面】对话框,将模型的位置进行旋转调整,选择如图 7-6-58 所示的平面,单击 确定 按钮返回【钻孔】对话框。

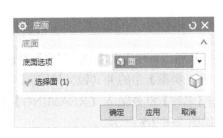

图 7-6-57

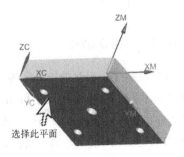

图 7-6-58

（5）选择【钻孔】对话框中的【循环】下拉复选框中的【标准钻】或单击旁边的 （编辑参数）按钮，如图 7-6-59 所示。此时屏幕弹出【指定参数组】对话框，单击 确定 按钮，屏幕弹出【Cycle 参数】对话框，如图 7-6-60 所示。单击对话框中的【Depth】按钮，屏幕弹出如图 7-6-61 所示的【Cycle 深度】对话框，单击【穿过底面】按钮系统返回【Cycle 参数】对话框，此时单击 确定 按钮返回【钻孔】对话框。

图 7-6-59　　　　　　　　图 7-6-60　　　　　　　　图 7-6-61

（6）单击【钻】对话框【刀轨设置】选项卡中的 （进给率和速度）按钮，屏幕弹出【进给率和速度】对话框。首先将【主轴转速】复选框选中，然后在旁边的数值输入框中输入【600】，在【切削】数值输入框中输入【80】，如图 7-6-62 所示，单击 确定 按钮返回【钻】对话框。单击 （生成）按钮，屏幕中出现生成的刀具路径，如图 7-6-63 所示，单击 确定 按钮完成周围钻ϕ8 通孔的创建并关闭对话框。

 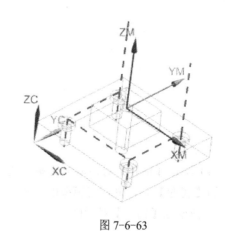

图 7-6-62　　　　　　　　　　　　　图 7-6-63

6. 铰 ϕ10H7 的孔

（1）单击【主页】带状工具条中的 （创建工序）按钮，系统弹出【创建工序】对话框。选择【类型】下拉复选框中的【drill】选项，单击【工序子类型】中的 （铰）按钮，【位置】选项卡中的各选项按照图 7-6-64 所示设置完毕，并在【名称】框内输入【REAMING】作为工序的名称，单击 确定 按钮进入【铰】对话框，如图 7-6-65 所示。

第 7 章 数控加工

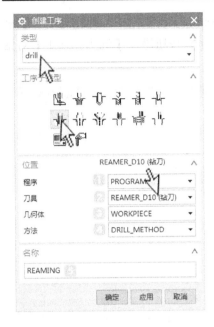

图 7-6-64

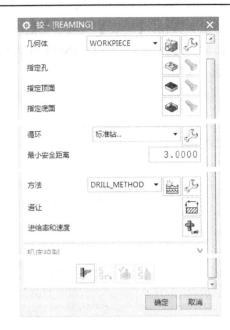

图 7-6-65

（2）加工孔的选择以及底部平面的选择按照步骤 4 第 2）、3）中叙述的方法进行操作。

（3）单击【铰】对话框【刀轨设置】选项卡中的 (进给率和速度)按钮，屏幕弹出【进给率和速度】对话框。首选将【主轴转速】复选框选中，然后在旁边的数值输入框中输入【100】，在【切削】数值输入框中输入【100】，如图 7-6-66 所示，单击 按钮返回【铰】对话框。单击 (生成)按钮，屏幕中出现生成的刀具路径，如图 7-6-67 所示，单击 按钮完 ϕ 0H7 铰孔的创建并关闭对话框。

图 7-6-66

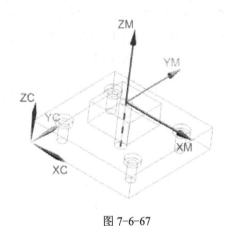

图 7-6-67

7. 创建锪孔操作

（1）单击【主页】带状工具条中的 (创建工序)按钮，系统弹出【创建工序】对话框。选择【类型】下拉复选框中的【drill】选项，单击【工序子类型】中的 (沉头孔加工）按钮，【位置】选项卡中的各选项按照图 7-6-68 所示设置完毕，并在【名称】框内输入【COUNTERBORING】作为操作的名称，单击 确定 按钮进入【沉头孔加工】对话框，如图 7-6-69 所示。

图 7-6-68

图 7-6-69

（2）加工孔的选择按照步骤 5 第 2）中叙述的方法进行操作。

（3）选择【沉头孔加工】对话框中的【循环】下拉复选框中的【标准钻】或单击旁边的 （编辑参数）按钮。此时屏幕弹出【指定参数组】对话框，单击 确定 按钮，屏幕弹出【Cycle 参数】对话框，如图 7-6-70 所示。单击对话框中的【Depth】按钮，屏幕弹出如图 7-6-71 所示的【Cycle 深度】对话框，单击【刀肩深度】按钮在弹出的如图 7-6-72 所示的对话框中输入【4】，此时，单击 确定 按钮返回【Cycle 参数】对话框。

图 7-6-70　　　　　　　　　图 7-6-71　　　　　　　　　图 7-6-72

（4）单击【Cycle 参数】对话框中的【Dwell】按钮，屏幕弹出【Cycle Dwell】对话框，如图 7-6-73 所示。单击【秒】按钮，在弹出的如图 7-6-74 所示的对话框中输入【2】，单击 确定 按钮返回【Cycle 参数】对话框。

（5）单击【Cycle 参数】对话框中的【Rtrcto】按钮，在弹出的如图 7-6-75 所示对话框中单击【自动】按钮，此时系统自动返回【Cycle 参数】对话框，单击 确定 按钮返回【沉头孔加工】对话框。

图 7-6-73　　　　　　　　　图 7-6-74　　　　　　　　　图 7-6-75

（6）单击【沉头孔加工】对话框【刀轨设置】选项卡中的 （进给率和速度）按钮，屏幕弹出【进给率和速度】对话框。首选将【主轴转速】复选框选中，然后在旁边的数值输入框中输入【500】，在【切削】数值输入框中输入【60】，如图 7-6-76 所示，单击 确定 按钮返回【沉头孔加工】对话框。单击 （生成）按钮，屏幕中出现生成的刀具路径，如图 7-6-77 所示，单击 确定 按钮完沉头孔的创建并关闭对话框。

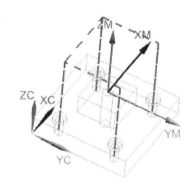

图 7-6-76　　　　　　　　　　　　　图 7-6-77

8．生成加工程序

在屏幕侧面的【工序导航器】中单击选中 PROGRAM 程序，如图 7-6-78 所示，然后单击【工序】工具条中的（ 后处理）按钮，系统弹出【后处理】对话框，如图 7-6-79 所示。选中【后处理器】列表中的【MILL_3_AXIS】选项，在【单位】下拉复选框中选择【公制/部件】选项，单击 确定 按钮完成程序的创建，系统弹出程序信息窗口，如图 7-6-80 所示。

图 7-6-78

图 7-6-79

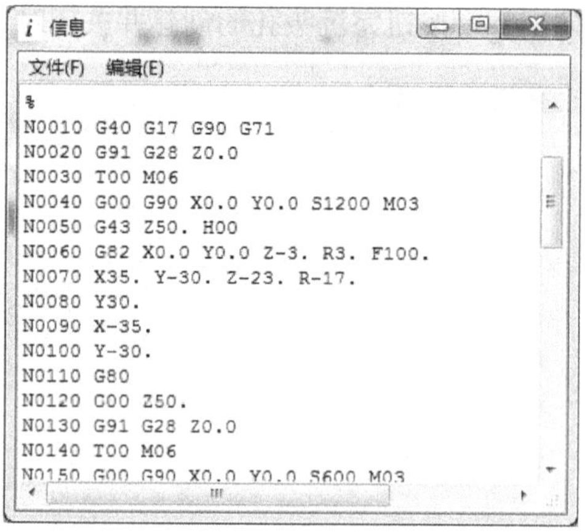

```
N0010 G40 G17 G90 G71
N0020 G91 G28 Z0.0
N0030 T00 M06
N0040 G00 G90 X0.0 Y0.0 S1200 M03
N0050 G43 Z50. H00
N0060 G82 X0.0 Y0.0 Z-3. R3. F100.
N0070 X35. Y-30. Z-23. R-17.
N0080 Y30.
N0090 X-35.
N0100 Y-30.
N0110 G80
N0120 G00 Z50.
N0130 G91 G28 Z0.0
N0140 T00 M06
N0150 G00 G90 X0.0 Y0.0 S600 M03
```

图 7-6-80

习　　题

图 7-1～图 7-6 为加工练习的效果图，源文件在网站下载的目录 WCSL\JG\LX 内。

图 7-1

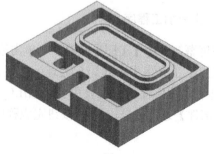

图 7-2

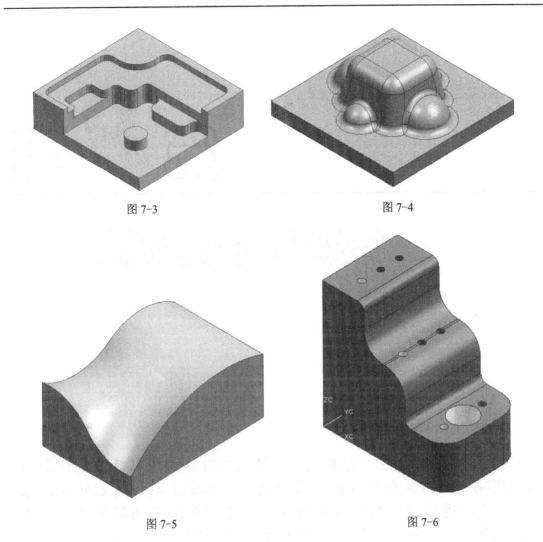

图 7-3

图 7-4

图 7-5

图 7-6

第 8 章

后处理与综合练习

 内容介绍

在实际加工过程中需要将刀具轨迹文件转换成机床能够识别的 G 代码文件,这个过程就叫做后处理。本章主要讲解后处理的基本方法,通过调整后处理文件生成适合机床加工的指令文件。本章最后再通过一个综合的实例来巩固从建模到加工的整个过程。

 学习目标

通过本章实例的练习,使读者能基本掌握机床后处理的基本方法,创建生成合理的后处理文件;通过对综合实例的练习,能够深刻理解 UG 软件的一整套设计、生产的全过程。

8.1 实例一 创建 FANUC 系统的后处理文件

1. 启动后处理器

单击 Windows 系统中的【开始】|【所有程序】|【UG NX10.0】|【加工】|【后处理构造器】命令,如图 8-1-1 所示。程序经过授权检测后进入初始界面,如图 8-1-2 所示。

图 8-1-1

图 8-1-2

2. 后处理文件初始化设置

选择菜单栏中的【File】|【New】命令,如图 8-1-3 所示,即新建了一个后处理文件,此时系统弹出【Greate New Post Processor】对话框,如图 8-1-4 所示。

图 8-1-3

图 8-1-4

3. 新建后处理文件

在弹出的【Greate New Post Processor】对话框的处理器名称【Post Name】中输入为【FANUC 3 Axis】，将输出单位【Post OutPut Unit】设置为【Millimeters】；将机床类型【Machine Tool】单选框选择为【Mill】，选择三轴机床，【3—Axis】，在系统中选择库【Library】中的【fanuc_6m】，如图 8-1-5 所示。设置完毕后单击 ___OK___ 按钮进行后续的设置。

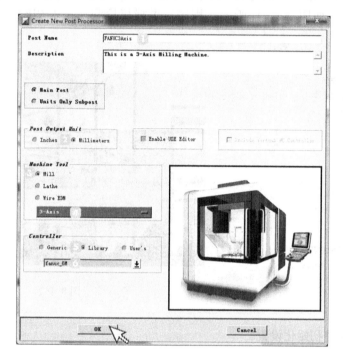

图 8-1-5

4. 设置机床特征参数

（1）此时系统进入新建的后处理文件界面的系统设置窗口。在该窗口中有五大选项卡，如图 8-1-6 所示。

图 8-1-6

（2）单击【Machine Tool】选项卡，在窗口的调整区根据使用的机床进行相应的设置，如图 8-1-7 所示。设置完毕后单击 Display Machine Tool 按钮，即可显示机床坐标预览图形，如图 8-1-8 所示，检查无误后关闭该窗口。

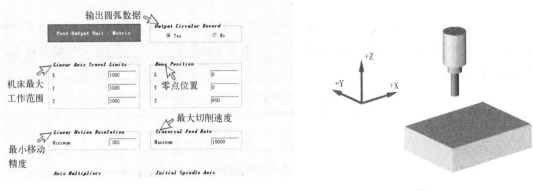

图 8-1-7　　　　　　　　　　　　　　图 8-1-8

5. 设置程序及操作参数

单击【Program&Tool Path】选项卡，屏幕出现如图 8-1-9 所示界面。在该选项卡中包含了 7 个部分需要进行设置。

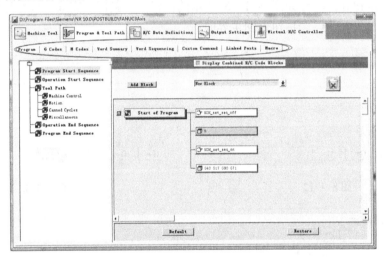

图 8-1-9

（1）选择【Program】选项卡，该选项卡主要设置程序组和与操作有关的内容，例如程序头、换刀程序以及 G 代码的格式等。在窗口左侧的树形结构中共有 5 个节点，各功能如图 8-1-10 所示。

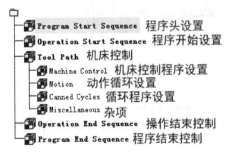

图 8-1-10

（2）单击树形结构的【Program Start Sequence】节点，窗口右侧出现另一个树形结构并显示出 4 个数据块，如图 8-1-11 所示。单击命令块 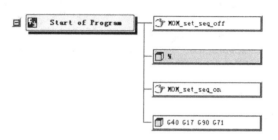 进入块编辑状态，如图 8-1-12 所示。

图 8-1-11

单击选中【G71】按钮，将其拖动至垃圾箱中进行删除，如图 8-1-13 所示。单击 按钮，在下拉复选框中选择如图 8-1-14 所示指令，用以确定加工时的工件坐标系。此时鼠标按下 Add Word 按钮并拖动至如图 8-1-15 所示的位置松开鼠标，完成工件坐标系 G54～G59 指令的添加，单击 OK 按钮返回主界面。

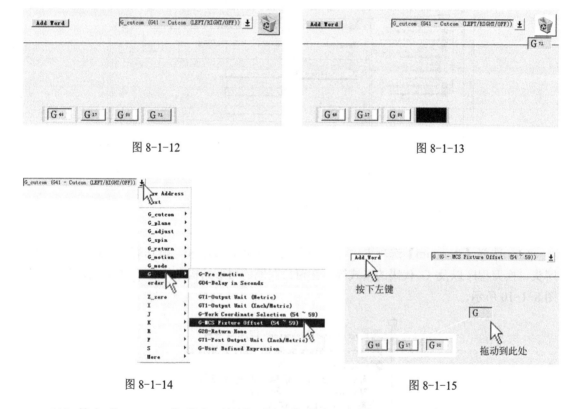

图 8-1-12　　　　　　　　　　图 8-1-13

图 8-1-14　　　　　　　　　　图 8-1-15

（3）单击【Tool Path】节点下的【Motion】节点，如图 8-1-16 所示。单击图中右侧的【Circular Move】子节点，弹出另一窗口，如图 8-1-17 所示，将其中的【S】功能字删除。

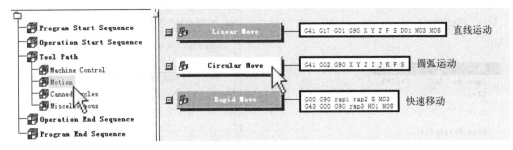

图 8-1-16

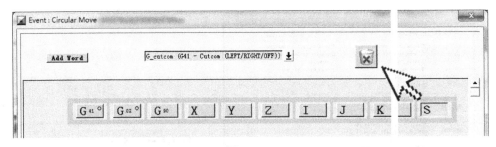

图 8-1-17

（4）单击【Word Sequencing】选项卡，该选项卡是设置功能字排列的输出顺序，根据实际机床的指令特点调整各功能字的相互位置，如图 8-1-18 所示。由于相关参数较多，设置时抓住重点，合理的调整程序头、换刀程序以及各功能子输出的顺序就能够创建好合理的后处理文件。

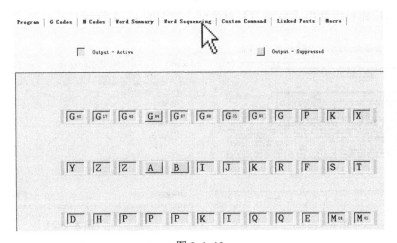

图 8-1-18

6. 设置后处理模板

（1）单击菜单栏中【File】|【Save】命令，保存该后处理文件，如图 8-1-19 所示。屏幕中弹出如图 8-1-20 所示的窗口，单击 OK 按钮，系统弹出【Save As】窗口，如图 8-1-21 所示，单击【保存】按钮完成文件的保存。单击窗口右上角菜单栏中【Utilites】|【Edit Template Posts Data File】命令，如图 8-1-22 所示。

图 8-1-19

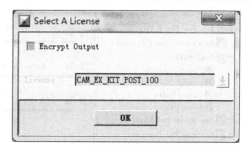

图 8-1-20

图 8-1-21

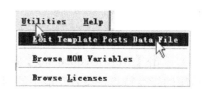

图 8-1-22

（2）此时屏幕弹出【Install Posts】对话框，如图 8-1-23 所示。单击如图所示的位置，单击 OK 按钮系统弹出【另存为】对话框，如图 8-1-24 所示。

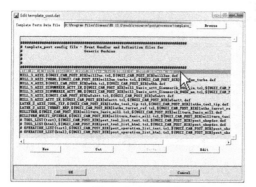

图 8-1-23

图 8-1-24

单击【保存】按钮，在弹出的如图 8-1-25 所示的对话框中单击【是】按钮，完成文件的保存。

图 8-1-25

（3）单击【Install Posts】对话框中如图 8-1-26 所示位置，接着单击左下角的 New 按钮，屏幕弹出如图 8-1-27 所示的【打开】对话框，在其中选择【FANUC3Axis.pui】文件，单击【打开】按钮，此时【Install Posts】对话框中中出现了【FANUC3Axis】后处理文件，如图 8-1-28 所示。

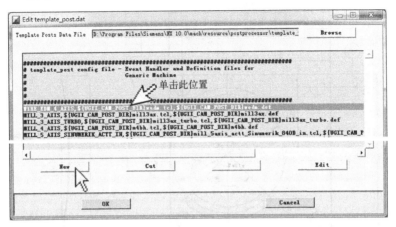

图 8-1-26

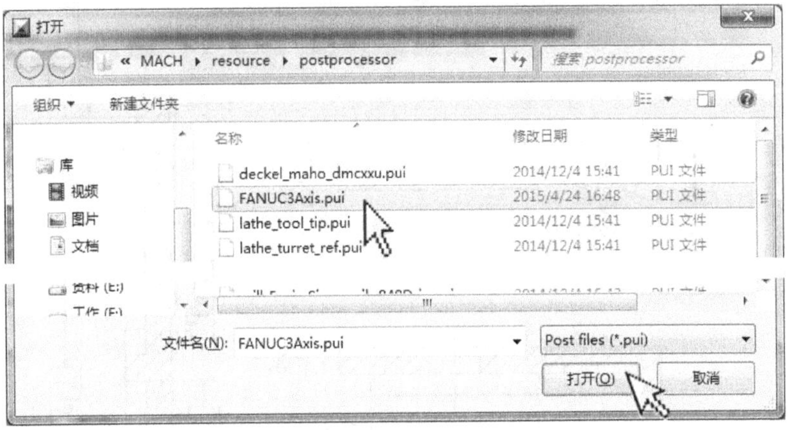

图 8-1-27

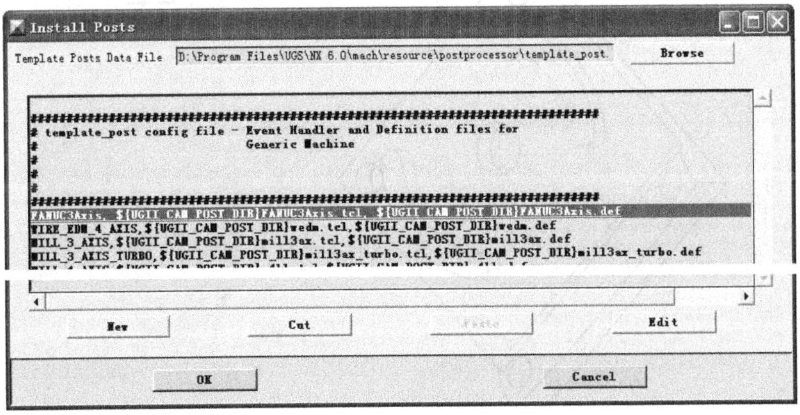

图 8-1-28

8.2 实例二 综合练习

零件图如图 8-2-1 所示。

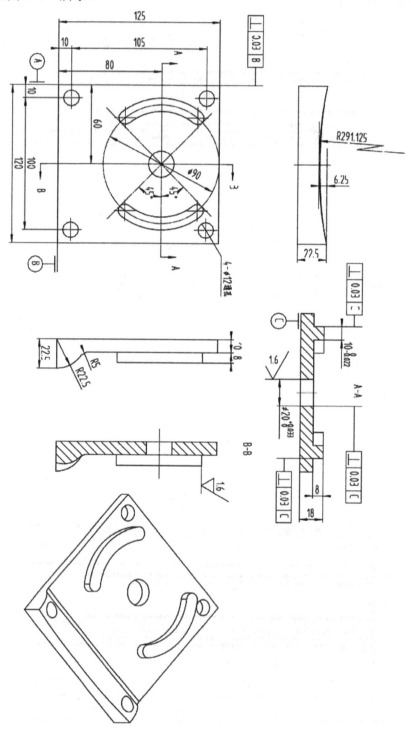

图 8-2-1

1. 创建新文件

建立以 T8-2.prt 为文件名，单位为毫米的模型文件。

2. 创建长方体

单击 菜单(M)▼【菜单】按钮，在【插入】|【设计特征】子菜单中的 （长方体）命令按钮，系统弹出【块】对话框，如图 8-2-2 所示。在【类型】下拉复选框中选择默认的【原点和边长】选项，在【长度】、【宽度】和【高度】输入框中输入【120】、【125】和【10】。单击【原点】选项页内的 （点对话框）按钮，系统弹出【点】对话框。在该对话框内的【XC】、【YC】和【ZC】栏内输入【-60】、【-62.6】和【0】，如图 8-2-3 所示。单击 确定 按钮返回【长方体】对话框，再次单击 确定 按钮，完成长方体的绘制，结果如图 8-2-4 所示。

图 8-2-2

图 8-2-3

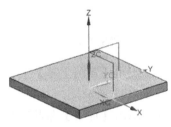
图 8-2-4

3. 创建凸台特征

（1）选择【曲线】带状工具条中的 （草图）命令按钮，系统弹出【创建草图】对话框，如图 8-2-5 所示。系统自动以 XC—YC 平面为首选草图平面供绘图人员参考使用。单击如图 8-2-6 所示的上表面，单击【创建草图】对话框中的 确定 按钮，系统进入草图绘制区域，图形正视于 XY 平面，如图 8-2-7 所示。

图 8-2-5

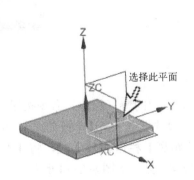
图 8-2-6

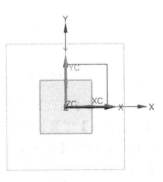
图 8-2-7

（2）对照图纸，利用【曲线】带状工具条中的【直接草图】工具条中的⌒（圆弧）、╱（直线）命令按钮，并将辅助线的尺寸利用 （快速尺寸）命令，绘制如图 8-2-8 所示。注意绘制时会有自动约束添加，避免重复约束。

（3）利用【曲线】带状工具条中的 （几何约束）命令按钮，对图形中的曲线进行约束，结果如图 8-2-9 所示。

（4）绘制两条用来控制角度的辅助线并添加尺寸及位置约束，如图 8-2-10 所示。

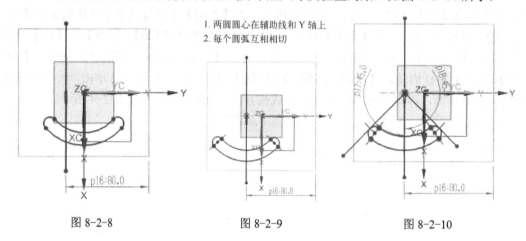

图 8-2-8　　　　　　图 8-2-9　　　　　　图 8-2-10

（5）利用【草图工具】工具条中的 （快速尺寸）命令对其余尺寸进行尺寸约束，结果如图 8-2-11 所示。

（6）单击【曲线】带状工具条中的 （完成草图）按钮，窗口返回到建模空间界面，如图 8-2-12 所示。

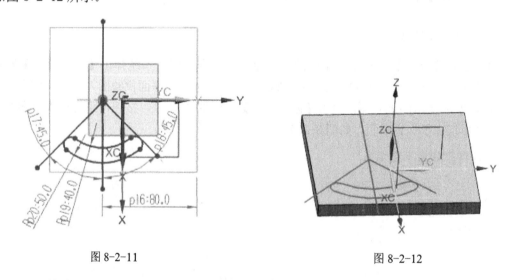

图 8-2-11　　　　　　　　　　　　图 8-2-12

（7）单击【主页】带状工具条中的 （拉伸）命令按钮，系统弹出【拉伸】对话框，在【上边框条】工具条中的下拉复选框中选择【单条曲线】，并按照图 8-2-13 所示选择图中的曲线。此时将【结束】的【距离】栏内输入【8】，将【布尔】下拉复选框选择为【求和】，单击 按钮完成实体拉伸，结果如图 8-2-14 所示。

第 8 章 后处理与综合练习   273

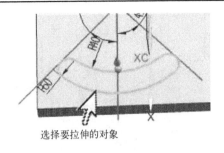

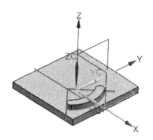

图 8-2-13　　　　　　　　　　　　　　　图 8-2-14

（8）单击【主页】带状工具条中【特征】模块里的 更多（更多）库的【镜像特征】命令按钮，系统弹出【镜像特征】对话框，如图 8-2-15 所示。按照图 8-2-16 所示选择【镜像特征】和【镜像平面】，单击 确定 按钮结束镜像特征命令。将草图、CSYS 隐藏并观察镜像的结果，如图 8-2-17 所示。

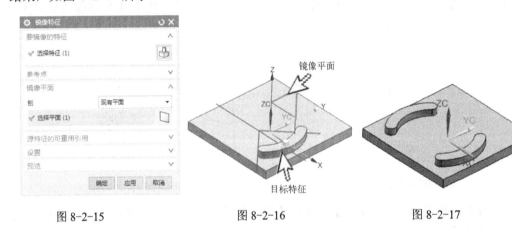

图 8-2-15　　　　　　　　　图 8-2-16　　　　　　　　　图 8-2-17

4．创建曲面并生成实体

（1）单击【菜单】按钮，选择【格式】|【WCS】子菜单下的 ↙（WCS 定向）命令按钮，如图 8-2-18 所示。在弹出的【CSYS】对话框中的【类型】下拉复选框中选择【X 轴，Y 轴】，如图 8-2-19 所示。按照图 8-2-20 所示选择的位置及顺序，分别选择实体的两个边缘作为工件坐标系的 X 轴和 Y 轴，单击 确定 按钮完成工作坐标系的设定，结果如图 8-2-21 所示。

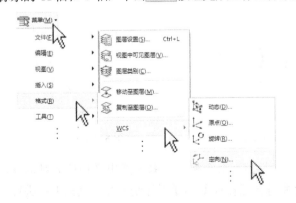

图 8-2-18　　　　　　　　　　　　　　　图 8-2-19

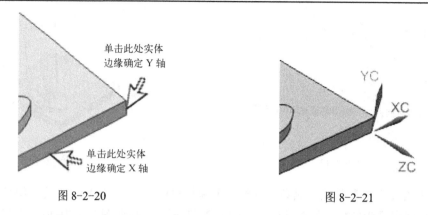

图 8-2-20　　　　　　　　　　　　　图 8-2-21

（2）根据图纸尺寸要求，以刚设定好的工作坐标系为原点绘制如图 8-2-22 所示的 1/4 圆（可以采用 基本曲线命令中的 直线 圆角命令来绘制）。单击【工具】带状工具条中的 （移动对象）命令按钮，利用该命令中的 （点到点）的方法将 1/4 圆移动至实体边缘的另一侧，如图 8-2-23 所示。

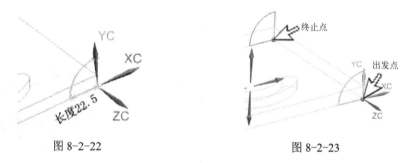

图 8-2-22　　　　　　　　　　　　　图 8-2-23

（3）将实体隐藏，单击【菜单】按钮中【格式】|【WCS】子菜单中的【旋转 WCS】命令按钮，选择【+Y 轴：ZC—XC】单选框并在【角度】栏内输入【90】，如图 8-2-24 所示，单击 确定 按钮完成 WCS 的旋转，结果如图 8-2-25 所示。

（4）利用【曲线】带状工具条中的 （基本曲线）命令按钮内的 （直线）子按钮命令将曲线各端点连接起来，并在上方利用 （圆角）子命令绘制 R291.125 的圆弧，绘制的结果如图 8-2-26 所示。

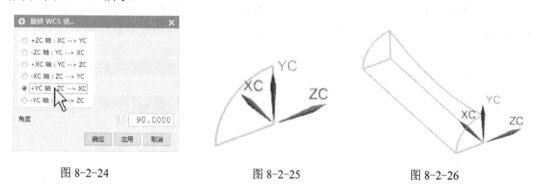

图 8-2-24　　　　　　图 8-2-25　　　　　　图 8-2-26

（5）单击【曲面】带状工具条中的 （扫掠）命令按钮，系统弹出【扫掠】对话框，如图 8-2-27 所示。按照图 8-2-28 所示分别选择【截面】和【引导线】并用鼠标中键进行切换，单击 确定 按钮完成曲面绘制及缝合实体的过程，结果如图 8-2-29 所示。

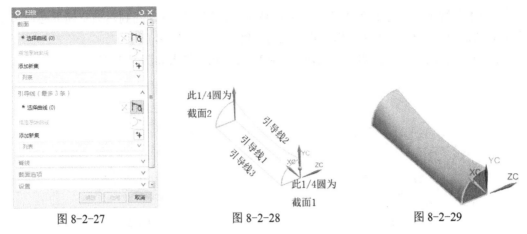

图 8-2-27　　　　　　图 8-2-28　　　　　　图 8-2-29

（6）将曲线隐藏，将底部实体显示出来并与缝合的实体进行 （合并）命令，结果如图 8-2-30 所示。

（7）利用【主页】带状工具条中的 （边倒圆）命令对实体的结合部位倒 R5 圆角，结果如图 8-2-31 所示。

图 8-2-30　　　　　　　　　　　　图 8-2-31

5. 创建孔特征

（1）利用 （旋转 WCS）和 【原点】将坐标系移动到中心位置，将实体模型翻转至反面，单击【主页】带状工具条中的 （孔）命令按钮，系统弹出【孔】对话框，如图 8-2-32 所示。单击实体底部表面进入草图环境，在草图中绘制 4 各孔的点并进行尺寸约束，如图 8-2-33 所示。

 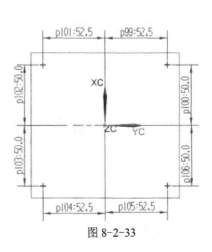

图 8-2-32　　　　　　　　　　　　图 8-2-33

单击【曲线】带状工具条中的 ▨（完成草图）按钮，窗口返回到建模空间界面，单击【孔】对话框中的 ▭ 按钮完成周围4个孔的创建，如图8-2-34所示。

（2）利用相同的方法在实体中创建一个ϕ20的通孔，结果如图8-2-35所示。

图8-2-34　　　　　　　　　　　　图8-2-35

6. 进入加工环境、进行加工准备

（1）单击【文件】按钮，在弹出的下拉菜单中选择【启动】里的【加工】，如图8-2-36所示。此时，系统弹出【加工环境】对话框，选择其中的【cam_general】和【mill_planar】选项并单击 ▭ 按钮进入加工环境。

图8-2-36

（2）单击【导航器】工具条中的 ▨（几何视图）按钮，鼠标移动至屏幕侧面并双击【工序导航器】中的 ▨ MCS_MILL 图标，系统弹出【MCS 铣削】对话框，如图8-2-37所示。利用对话框中的 ▨（CSYS对话框）按钮和 ▨（平面对话框）按钮对工件进行加工坐标系和安全平面的设定，安全高度位于工件上方50mm，设置的结果如图8-2-38所示。

　　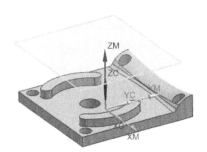

图8-2-37　　　　　　　　　　　　图8-2-38

（3）双击【工序导航器】中的 WORKPIECE 图标，选择实体作为加工的部件，毛坯选择【包容块】，设定结果如图 8-2-39 所示。

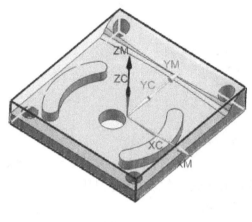

图 8-2-39

7. 工艺分析

本例中只要采用一次装夹的方法即可加工全部元素。加工工序见表 8-2-1 所示。

表 8-2-1

序号	工序	操作方法	刀具	方法	名称
1	点钻五个中心孔	定心钻	D6	DRILL_METHOD	S1
2	钻五个ϕ9.8的通孔	钻孔	D9.8	DRILL_METHOD	D1
3	铰周边四个ϕ10H7通孔	铰	D10	DRILL_METHOD	R1
4	粗铣ϕ20的通孔	平面铣	M10	MILL_ROUGH	P1
5	精铣ϕ20的通孔	平面铣	M10	MILL_FINISH	P2
6	实体粗加工	型腔铣	M16	MILL_ROUGH	C1
7	平坦部位精加工	非陡峭区域轮廓铣	M12	MILL_FINISH	CA1
8	凸台精加工	平面铣	M12	MILL_FINISH	P3
9	曲面区域精加工	固定轮廓铣	B10	MILL_FINISH	F1

8. 创建刀具

（1）单击【曲线】带状工具条中的＋（点）命令按钮，系统弹出【点】对话框，如图 8-2-40 所示。在图形的最高处绘制五个孔的定位点，坐标位置【X】、【Y】、【Z】分别为【0】、【-17.5】、【22.5】，【50】、【52.5】、【22.5】，【-50】、【52.5】、【22.5】，【-50】、【-52.5】、【22.5】，【50】、【-52.5】、【22.5】，绘制的结果如图 8-2-41 所示。

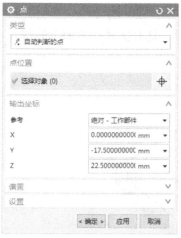

图 8-2-40　　　　　　　　　　　　　图 8-2-41

（2）利用【主页】带状工具条中的 （创建刀具）命令按钮，创建表 8-2-2 所示的刀具，创建的结果如图 8-2-42 所示。

表 8-2-2

工序	按钮名称	刀具	规格	名称	主轴转速（s/min）	进给率（mm/min）
1	SPOTDRILLING_TOOL	中心钻	$\phi 6$	D6	1200	50
2	DRILLING_TOOL	钻头	$\phi 9.8$	D9.8	600	70
3	REAMER	铰刀	$\phi 10H7$	D10	150	30
4	MILL	立铣刀	$\phi 10$	M10	1500	150
5	MILL	立铣刀	$\phi 10$	M10	2500	80
6	MILL	立铣刀	$\phi 16$	M16	1500	150
7	MILL	立铣刀	$\phi 12$	M12	1600	120
8	MILL	立铣刀	$\phi 12$	M12	1600	120
9	BALL_MILL	球铣刀	$\phi 10$	B10	2500	50

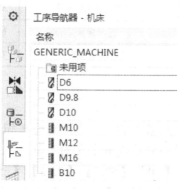

图 8-2-42

9. 钻中心孔

（1）单击【主页】带状工具条中的 （创建工序）命令按钮，系统弹出【创建工序】对话框，系统弹出【创建工序】对话框。选择【类型】下拉复选框中的【drill】选项，单击【工序子类型】中的 （定心钻）按钮，【位置】选项卡中的各选项按照图 8-2-43 所示设置完毕，并在【名称】框内输入【S1】作为操作的名称，单击 确定 按钮进入【定心钻】对话框，如图 8-2-44 所示。

图 8-2-43

图 8-2-44

（2）单击【定心钻】对话框中的 （选择或编辑孔几何体）按钮，屏幕弹出【点到点几何体】对话框，单击【选择】按钮，在图形中分别单击选择各个点，单击 确定 按钮返回【点到点几何体】对话框，此时出现各点的预览，如图 8-2-45 所示，再次单击 确定 按钮返回【定心钻】对话框。

（3）选择【定心钻】对话框中的【循环】下拉复选框中的【标准钻】或单击旁边的 （编辑参数）按钮，此时屏幕弹出【指定参数组】对话框，如图 8-2-46 所示，单击 确定 按钮，屏幕弹出【Cycle 参数】对话框，如图 8-2-47 所示。单击对话框中的【Depth】按钮，屏幕弹出如图 8-2-48 所示的【Cycle 深度】对话框。

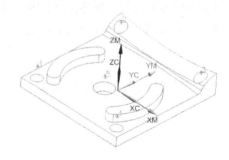

图 8-2-45

图 8-2-46

图 8-2-47

图 8-2-48

在【Cycle 深度】对话框中单击【刀尖深度】按钮，在弹出对话框的【深度】输入栏中输入【3】，如图 8-2-49 所示，单击 确定 按钮返回【Cycle 参数】对话框，继续单击 确定 按钮返回【定心钻】对话框。在【最小安全距离】输入框内输入【3】，如图 8-2-50 所示，🔧（进给率和速度）按钮内的设置内容见表 8-2-2 所示。

图 8-2-49

图 8-2-50

（4）单击【定心钻】对话框中的 ▶（生成）按钮，屏幕中出现生成的刀具路径，如图 8-2-51 所示，单击 确定 按钮完成中心孔操作的创建并关闭对话框。

10. 钻 5 个 φ9.8 通孔

（1）利用【主页】带状工具条中的 ▼（创建工序）中的 ⛏（钻孔）子命令进行通孔加工，刀具为【D9.8】，加工的名称为【D1】。

（2）利用【钻孔】对话框中的 ◈（选择或编辑孔几何体）按钮，选择加工对象，操作方法与步骤 9 中的 2）相同。

（3）单击【钻孔】对话框中的 ◈（选择或编辑底面几何体）按钮，屏幕弹出如图 8-2-52 所示的【底面】对话框，将模型的位置进行旋转调整，选择如图 8-2-53 所示的平面，单击 确定 按钮返回【钻孔】对话框。

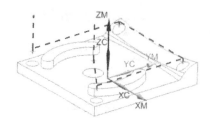
图 8-2-51

图 8-2-52

（4）选择【钻孔】对话框中的【循环】下拉复选框中的【标准钻】或单击旁边的
（编辑参数）按钮，如图 8-2-54 所示。此时屏幕弹出【指定参数组】对话框，单击 确定 按
钮，屏幕弹出【Cycle 参数】对话框，如图 8-2-55 所示。单击对话框中的【Depth】按钮，
屏幕弹出如图 8-2-56 所示的【Cycle 深度】对话框，单击【穿过底面】按钮系统返回
【Cycle 参数】对话框，此时单击 确定 按钮返回【钻孔】对话框。单击 （进给率和速度）
按钮进行切削用量的设置，内容见表 8-2-2 所示。

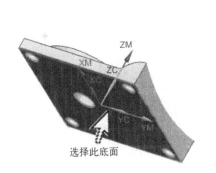

图 8-2-53

图 8-2-54

图 8-2-55

图 8-2-56

（5）单击【钻孔】对话框中的 （生成）按钮，屏幕中出现生成的刀具路径，如图
8-2-57 所示，单击 确定 按钮完成 5 个通孔操作的创建并关闭对话框。

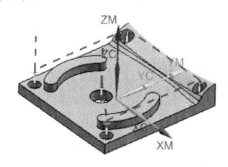

图 8-2-57

11. 铰周围 4 各个 ϕ10H7 的通孔

（1）利用【主页】带状工具条中的 ► （创建工序）命令中的 ⇃ （铰）子命令进行铰孔加工，刀具为【D10】，加工名称为【R1】。

（2）加工孔的选择以及底部平面的选择按照步骤 10 第 2）、3）、4）中叙述的方法进行操作。注意只选取周围 4 个点，进给和速度按表 8-2-2 进行设置。

（3）单击 ► （生成）按钮，屏幕中出现生成的刀具路径，如图 8-2-58 所示，单击 确定 按钮完 ϕ10H7 铰孔的创建并关闭对话框。

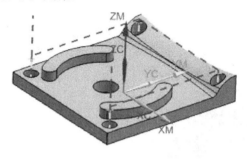

图 8-2-58

12. 粗铣 ϕ20 的通孔

（1）单击【主页】带状工具条中的 ► （创建工序）按钮，屏幕弹出【创建工序】对话框，单击 ⇃ （平面铣）按钮，按照图 8-2-59 所示将【位置】选项卡中的各下拉复选框设定完毕，在【名称】输入框中输入【P1】后单击 确定 按钮进入【平面铣】对话框，如图 8-2-60 所示。单击 ► （选择或编辑部件边界）按钮，屏幕弹出【边界几何体】对话框，在【模式】下拉复选框中选择【曲线/边】选项，如图 8-2-61 所示，系统进入【创建边界】对话框，如图 8-2-62 所示。

图 8-2-59

图 8-2-60

图 8-2-61

图 8-2-62

（2）在【创建边界】对话框中的【刨】下拉复选框中选择【用户定义】选项，系统弹出【刨】对话框，在【类型】下拉复选框中选择【XC-YC 平面】，输入框中输入【23】，单击 确定 按钮返回【创建边界】，各选项设定如图 8-2-63 所示。按照图 8-2-64 所示选择实体边缘，单击 确定 按钮返回【边界几何体】对话框，单击 确定 按钮返回【平面铣】对话框。

图 8-2-63

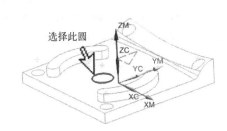

图 8-2-64

（3）在【平面铣】对话框中单击 ⊗（选择或编辑底平面几何体）按钮，屏幕弹出【刨】对话框。在屏幕中选择如图 8-2-65 所示的平面作为加工的底平面，在【刨】的【偏置】栏内输入【1】，如图 8-2-66 所示，单击 确定 按钮返回【平面铣】对话框。

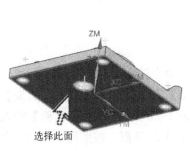

图 8-2-65

图 8-2-66

(4) 在【平面铣】对话框中的【切削模式】等设定见图 8-2-67 所示。单击 (切削层) 按钮，屏幕弹出【切削层】对话框，在【每刀切削深度】输入框中输入【2】，单击 按钮返回【平面铣】对话框。进给率和速度的设定见表 8-2-2 所示，单击【平面铣】对话框中的 (生成) 按钮，系统自动生成刀具路径轨迹，如图 8-2-68 所示。

图 8-2-67

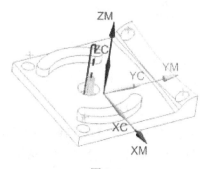

图 8-2-68

13. 精铣 φ20 的通孔

将刚创建好的【P1】程序复制出来，重命名为【P2】，双击【P2】进行编辑，如图 8-2-69 所示。此时在弹出的【平面铣】对话框中将加工方法修改为【MILL_FINISH】，进给率和速度按表 8-2-2 修改，其余选项保持不变，单击【平面铣】对话框中的 (生成) 按钮，系统自动生成刀具路径轨迹，如图 8-2-70 所示。

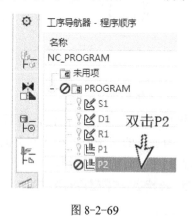

图 8-2-69

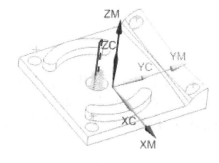

图 8-2-70

14. 实体粗加工

单击【主页】带状工具条中的 (创建工序) 命令按钮，系统弹出【创建工序】对话框，在【类型】下拉复选框中选择的【mill_contour】选项，单击【工序子类型】选项中的 (型腔铣) 按钮，在【位置】选项卡中按照图 8-2-71 所示设定，【名称】输入框中输入【C1】作为操作的名称。单击 按钮进入【型腔铣】对话框，按照图 8-2-72 所示进行设置，进给率和速度根据表 8-2-2 内容调整。单击【型腔铣】对话框中的 (生成) 按钮，屏幕中出现刀具轨迹，如图 8-2-73 所示。

图 8-2-71

图 8-2-72

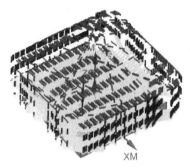

图 8-2-73

15．平坦部位精加工

（1）单击【主页】带状工具条中的 （创建工序）命令按钮，系统弹出【创建工序】对话框，在【类型】下拉复选框中选择的【mill_contour】选项，单击【工序子类型】选项中的 （非陡峭区域轮廓铣）按钮，【位置】选项卡中的内容按照图 8-2-74 所示设定，【名称】输入框中输入【CA1】作为操作的名称。单击 确定 按钮进入【非陡峭区域轮廓铣】对话框，如图 8-2-75 所示。

（2）单击【非陡峭区域轮廓铣】对话框中的【驱动方法】选项卡中的 （编辑参数）按钮，系统弹出【区域铣削驱动方法】对话框，按照图 8-2-76 所示将各选项设定完毕后单击 确定 按钮返回【非陡峭区域轮廓铣】对话框。

图 8-2-74

图 8-2-75

图 8-2-76

（3）进给及速度的设定见表 8-2-2 所示，单击【非陡峭区域轮廓铣】对话框中的 ▶（生成）按钮，系统自动生成刀具路径轨迹，如图 8-2-77 所示。

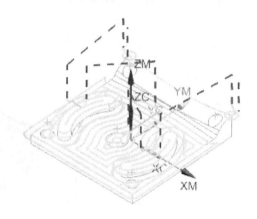

图 8-2-77

16. 凸台精加工

（1）利用【主页】带状工具条中的 （创建工序）命令按钮创建 （平面铣）加工程序，按照图 8-2-78 所示将【位置】选项卡中的各下拉复选框设定完毕。

（2）利用 （选择或编辑部件边界）命令按钮，采取【曲线/边】的选择模式，选择如图 8-2-79 所示的两个凸台边界。按照图 8-2-80 所示将【创建边界】对话框中各选项设定完毕后单击 确定 对话框逐层返回至【平面铣】对话框。**注意：每选择完一个边界后单击【创建边界】对话框中的【创建下一边界】进行切换。**

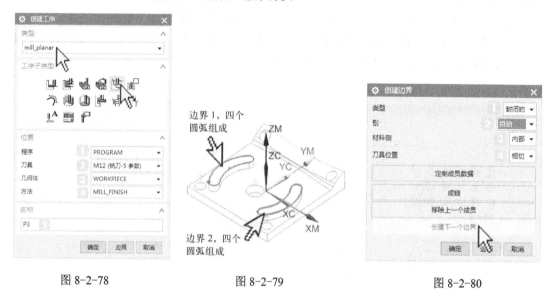

图 8-2-78　　　　　　　图 8-2-79　　　　　　　图 8-2-80

（3）在【平面铣】对话框中单击 （选择或编辑底平面几何体）按钮，屏幕弹出【刨】对话框。在屏幕中选择如图 8-2-81 所示的平面作为加工的底平面，单击 确定 按钮返回【平面铣】对话框。

(4)【平面铣】对话框中的【刀轨设置】选项卡中各选项按图 8-2-82 所示设定，进给率和速度的根据表 8-2-2 所示进行调整。单击【平面铣】对话框中的 ▶（生成）按钮，屏幕中出现刀具轨迹，如图 8-2-83 所示。

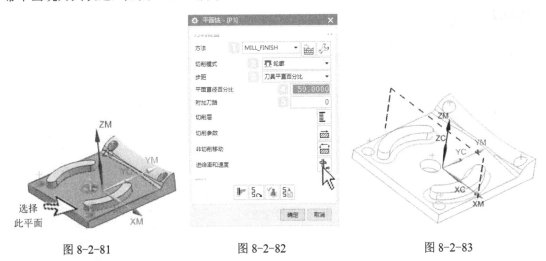

图 8-2-81　　　　　　　图 8-2-82　　　　　　　图 8-2-83

17. 曲面区域精加工

（1）单击【主页】带状工具条中的 ▶（创建工序）命令按钮，系统弹出【创建工序】对话框，在【类型】下拉复选框中选择的【mill_contour】选项，单击【工序子类型】选项中 ▶（固定轮廓铣）按钮，【位置】选项卡中的内容按照图 8-2-84 所示设定，【名称】输入框中输入【F1】作为操作的名称。单击 确定 按钮进入【固定轮廓铣】对话框，如图 8-2-85 所示。

图 8-2-84

图 8-2-85

（2）单击【固定轮廓铣】对话框中的【驱动方法】选项卡内的 ▶（编辑参数）按钮，系统弹出【区域铣削驱动方法】对话框，按照图 8-2-86 所示将各选项设定完毕后单击

确定 按钮返回【固定轮廓铣】对话框。

（3）单击 ![] （选择或编辑切削区域几何体）按钮，屏幕弹出【切削区域】对话框，如图 8-2-87 所示。在屏幕中选择如图 8-2-88 所示的三个个曲面，单击 确定 按钮返回【固定轮廓铣】对话框。

图 8-2-86　　　　　　　图 8-2-87　　　　　　　图 8-2-88

（4）进给及速度的根据表 8-2-2 所示进行调整。单击【固定轮廓铣】对话框中的 ![] （生成）按钮，屏幕中出现刀具轨迹，如图 8-2-89 所示。

18．生成加工程序

在屏幕侧面的【工序导航器】中单击选中【PROGRAM】，如图 8-2-90 所示。单击【工序】工具条中的 ![] （后处理）命令按钮，系统弹出【后处理】对话框，如图 8-2-91 所示。选中【后处理器】列表中的【MILL-3-AXIS】后处理文件，单击 确定 按钮完成程序的创建，系统弹出程序信息窗口，如图 8-2-92 所示。

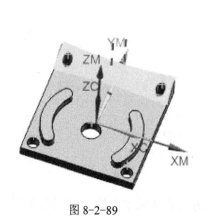

图 8-2-89　　　　　　　图 8-2-90

图 8-2-91

图 8-2-92

参 考 文 献

[1] 袁锋. UG 机械设计工程范例教程（基础篇）. 北京：机械工业出版社，2007.2
[2] 温正. 魏建中. 精通 UG NX 6.0 中文版数控加工. 北京：科学出版社，2009.3
[3] 恒盛杰资讯. UG NX 6.0 中文版数控加工. 北京：中国青年出版社，2009.2
[4] 江洪，肖爱民，陈胜利. UG NX 6 典型实例解析. 北京：机械工业出版社，2009.1
[5] 技工学校机械类教材编审委员会. 机械制图习题集. 北京：机械工业出版社，1987.3
[6] 冯秋官. 机械制图与计算机绘图习题集. 北京：机械工业出版社，1999.10
[7] 董国耀. 机械制图习题集. 北京：北京理工大学出版社，1998.2
[8] 刘申立. 机械工程设计图学习题集. 北京：机械工业出版社，2000.9
[9] 刘小年. 机械制图习题集. 北京：机械工业出版社，1999.5
[10] 老虎工作室. 机械设计习题精解. 北京人民邮电出版社. 2003.12